Flutter
モバイルアプリ開発バイブル

南里 勇気、太田 佳敬、矢田 裕基、片桐 寛貴 [著]

本書のサポートサイト

本書の補足情報、訂正情報などを掲載します。適宜ご参照ください。
https://book.mynavi.jp/supportsite/detail/9784839970871.html

●本書は2019年9月段階（初版第1刷）での情報に基づいて執筆されています。
　本書に登場する製品やソフトウェア、サービスのバージョン、画面、機能、URL、製品のスペックなどの情報は、
　すべてその原稿執筆時点でのものです。
　執筆以降に変更されている可能性がありますので、ご了承ください。

●本書に記載された内容は、情報の提供のみを目的としております。
　したがって、本書を用いての運用はすべてお客様自身の責任と判断において行ってください。

●本書の制作にあたっては正確な記述につとめましたが、
　著者や出版社のいずれも、本書の内容に関してなんらかの保証をするものではなく、
　内容に関するいかなる運用結果についてもいっさいの責任を負いません。あらかじめご了承ください。

●本書中の会社名や商品名は、該当する各社の商標または登録商標です。
　本書中では™および®マークは省略させていただいております。

はじめに

　スマートフォンが発売されてから、さまざまなプラットフォームでモバイルアプリが開発されてきましたが、開発者は同じ機能のアプリをプラットフォームごとに提供する必要がありました。その過程で、マルチプラットフォームで動作するクロスプラットフォームのフレームワークが数多く開発されてきました。クロスプラットフォーム技術を利用することでプラットフォーム間の差異を吸収でき、より効率的な開発が可能になると思われたため、多くのモバイルアプリ開発者に普及する可能性を秘めていました。

　しかし、残念ながら実際に普及したクロスプラットフォーム技術は少数です。各プラットフォームの変化に素早く対応できなかったり、開発者への利便性提供が期待通りではなかったりするなど、普及しなかった理由はさまざまです。クロスプラットフォーム技術は将来性が期待される分野ではありますが、その一方で多くの課題を抱えた分野だとも言えます。

　本書の趣旨は、Flutterを利用することでiOS／Android開発のすべての問題が解決すると主張するものではありません。モバイルアプリ開発においても、従来のソフトウェア開発と同様に銀の弾丸があるわけではありません。

　開発者の皆さんにとって重要なことは、自分の会社、組織、チームのモバイル開発における本質的な課題を正しく理解することです。そして、その課題解決の1つとしてFlutterが選択肢となり得ます。ただし、Flutterをうまく活用し、課題を解決するためには、Flutterの技術そのものをよく把握しておく必要があります。そこで、本書では、モバイルアプリ開発の課題解決の1つとしてFlutterを正しく選択できるように、全体感を踏まえた基礎的な部分から実践的な概念や実装に至るまで、丁寧に説明することを心掛けています。

　本書を通じて、一人でも多くの開発者がモバイルアプリ開発の課題解決として、正しくFlutterを活用できる手助けができれば、これに勝る喜びはありません。

2019年10月

執筆陣代表 南里 勇気

CONTENTS

| Chapter 1 | **Flutterとは** | **1** |

1-1	**Flutter開発**	**2**
	1-1-1　クロスプラットフォームの概念	2
	1-1-2　Hot Reloadによる開発速度向上	4
	1-1-3　洗練された独自UI	4
	1-1-4　ネイティブ開発と遜色ない高いパフォーマンス	8
	1-1-5　マルチプラットフォーム対応	10
	1-1-6　Flutterの利用企業	10

1-2	**既存のクロスプラットフォーム開発**	**12**
	1-2-1　Xamarin	12
	1-2-2　Unity	13
	1-2-3　React Native	13
	1-2-4　Flutter	14

| Chapter 2 | **開発環境の構築** | **15** |

2-1	**インストール**	**16**
	2-1-1　Flutterの導入	16
	2-1-2　Android Studio（インストールと機能説明）	18

2-2	**各デバイス向けの開発環境**	**21**
	2-2-1　Androidアプリケーションの開発環境	21
	2-2-2　iOSアプリケーションの開発環境	23

2-3	**Flutterアプリケーションの作成**	**26**
	2-3-1　新規アプリケーションの作成	26
	2-3-2　サンプルプロジェクトの構成	28
	2-3-3　Androidエミュレータ／iOSシミュレーターでの起動	29
	2-3-4　Android端末での起動	33
	2-3-5　iOS端末での起動	35
	2-3-6　Hot Reload	39
	［コラム］Flutter Studio	42

Chapter 3 　ウィジェット　　43

3-1 　ウィジェットの基本　　44
3-1-1 　ウィジェットの基礎知識　　44
3-1-2 　StatelessWidget　　46
3-1-3 　StatefulWidget　　47

3-2 　レイアウトの構築　　54
3-2-1 　レイアウト構築の基本　　54
3-2-2 　レイアウト構築の基本的なウィジェット　　72
　　　　　[コラム] HotUI　　79

3-3 　画面遷移とウィジェットの状態管理　　80
3-3-1 　画面遷移　　80
3-3-2 　ユーザー操作に伴うウィジェットの状態管理　　92

3-4 　アセット管理とアニメーション　　99
3-4-1 　アセットの管理　　99
3-4-2 　アニメーションの基本　　105
3-4-3 　アニメーションの描画　　108

3-5 　ウィジェットの応用　　116
3-5-1 　パフォーマンスの課題　　116
3-5-2 　パフォーマンス対策　　130

Chapter 4 　状態管理　　145

4-1 　状態管理の基本　　146
4-1-1 　状態管理の必要性　　146
4-1-2 　Model View Controllerアーキテクチャ　　147
4-1-3 　Flutterにおけるアーキテクチャ　　148

4-2 　Scoped Model　　151
4-2-1 　Scoped Modelの全体像　　151
4-2-2 　Scoped Modelでの実装　　152

4-3 　Redux　　155
4-3-1 　Reduxの全体像　　155
4-3-2 　Reduxでの実装　　159

4-4	**BLoC**	**162**
4-4-1	BLoCの全体像	162
4-4-2	BLoCでの実装	166
	［コラム］iOSのデバイス切り替え	168

Chapter 5　ライブラリの実装　169

5-1	**パッケージ**	**170**
5-1-1	パッケージの最小構成	170
5-1-2	パッケージの種類	173
5-2	**パッケージの実装**	**174**
5-2-1	Dartパッケージ	174
5-2-2	Platform Channel	175
5-2-3	Pluginパッケージ	177
5-2-4	Pluginパッケージの実装	183
5-2-5	Flutter Pluginの利用	186
5-3	**パッケージの公開**	**190**
5-3-1	APIドキュメントの作成	190
5-3-2	パッケージの公開	194

Chapter 6　サンプルアプリの実装　197

6-1	**要件定義**	**198**
6-1-1	サンプルアプリの概要	199
6-1-2	画面設計	201
6-1-3	技術選定	202
6-2	**ドメインレイヤの実装**	**203**
6-2-1	ドメインオブジェクトの実装	203
6-2-2	リスト表示機能の定義	205
6-2-3	イベントの実装	207
6-2-4	通信部分の定義	207
6-2-5	状態管理の実装	208
6-3	**通信部分の実装**	**210**
6-3-1	EventListRepositoryの実装	210

6-4	プレゼンテーションレイヤの実装	212
	6-4-1　画面の構築とイベントの通知	212
	6-4-2　BlocProviderの利用	215
6-5	ユーザー認証の実装	216
	6-5-1　ドメインレイヤの実装	216
	6-5-2　バックエンドの実装	220
	6-5-3　プレゼンテーションレイヤの実装	221
6-6	ログインの実装	223
	6-6-1　ログインにおけるドメインレイヤの実装	223
	6-6-2　ログインにおけるバックエンド実装	226
	6-6-3　ログインにおけるプレゼンテーションレイヤ実装	227

Chapter 7　開発の継続　229

7-1	テストと最適化	230
	7-1-1　デバッグツールDevTools	230
	7-1-2　DevToolsのデバッグ機能	234
	7-1-3　Flutterにおけるビルドの種類	242
	7-1-4　テスト	244
	7-1-5　継続的インテグレーション	259
7-2	デプロイメント	260
	7-2-1　iOS版のリリース	260
	7-2-2　Android版のリリース	262
	7-2-3　CIとCD	268

APPENDIX　275

Flutter 1.9	276
Dart 2.5	276
ML Complete	276
dart:ffi	277
Flutter Web	278
Flutter Webのプロジェクトを動かす	279
Flutter Webの構造	281
Flutter Webの現状と今後	281

Dart言語 283

変数と型	283
メソッド	284
クラス	287
コンストラクタ	290
パッケージのインポート	294
特徴的な演算子	295
非同期処理	296
Generator	299

既存プロジェクトへのFlutterの追加 302

Android	302
iOS	303
Hot Reload	303

索引 304

謝辞 310

著者プロフィール 311

Chapter 1

Flutterとは

スマートフォン向けアプリケーションの開発で必須となっている、
iOSならびにAndroidへの対応を実現する、
クロスプラットフォーム開発の1つであるアプリケーションフレームワーク、
Flutterの概略を紹介します。

Chapter 1 | Flutterとは

1-1

Flutter開発

Flutterは、オープンソースとしてGoogleが開発しているモバイルアプリケーションフレームワークで、iOSとAndroidで動作するアプリケーションの作成が可能です。Flutterの開発言語はDartであり、同じくGoogleが開発しているものです。また、そのユーザーインターフェースはReact（JavaScriptのViewライブラリ）の影響を受けています。

Flutterの主な特徴は、下記の通りです。

- Hot Reloadによる開発効率の向上
- ネイティブコンポーネントのような洗練された独自UI
- ネイティブ開発と遜色ない高いパフォーマンス
- マルチプラットフォーム対応

本章では前提となるクロスプラットフォームの概念を説明した上で、上記の特徴を説明します。

1-1-1 クロスプラットフォームの概念

昨今ではスマートフォン向けのアプリケーションを開発する場合、iOSならびにAndroidの両OSへの対応は必須といえる状況です。しかし、両OS間における開発言語やフレームワーク、設計思想は大きく異なるため、双方に対応するコストは非常に高いものになっています。この問題点を解決するべく、同一コードを利用して両OSで実行可能なアプリケーションを開発できるSDKやフレームワークが開発されています。まずは、Flutterの基礎となるクロスプラットフォームの概念を説明します。

クロスプラットフォーム開発とは、異なるハードウェアまたはOS上で、同じ仕様要求を満たすプログラムを実現する開発手法です。GNU Emacsなど各プラットフォームで動作するエディタやJavaアプリケーションなどのプログラミング言語も、広義ではクロスプラットフォームといえますが、本書ではモバイルに関連するクロスプラットフォームを取り上げます（以降、クロスプラットフォームはモバイル上であることを前提にします）。

クロスプラットフォームを利用するメリットは、Javaがスローガンの1つとしている、「Write once, run anywhere」(WORA) です。モバイルファースト以前のWebの世界では、開発者はパソコンのOSを意識した技術を選定することなく開発を進めることができました。しかし、スマートフォンが発売されてからは、さまざまなプラットフォームに対応するアプリ開発が必要となったため、開発者は各プラットフォームに適した技術を利用する必要が出てきました。

スマートフォン発売当初は、現在のiOS／Androidの2強の状態ではありませんでした。
1990年代は、ノキアに買収されたSymbian社開発のSymbian OS、RIM (Research In Motion) 社のBlackBerry OSがシェアを占めていました。2000年代に入ると少し遅れてMicrosoft社がスマートフォン市場に参入、Microsoft社から発売されたスマートフォンはWindows Phoneと呼ばれ、Microsoft社独自のWindows OSで提供されました。
2000年代後半に入ると、AppleからはiOSを搭載したiPhoneがリリースされます。これに対抗して、GoogleがAndroid OSを発表し、複数の端末メーカーからAndroid OS搭載のスマートフォンが発売されました。以降は一気にシェアが傾き、2019年現在ではiOSとAndroidがシェアの大半を占めています。

iOSとAndroidを搭載するスマートフォンのシェアが大きくなるにつれて、アプリ開発者はiOSアプリとAndroidアプリの両方に対応する必要に迫られました。当初は、iOSではObjective-C、AndroidはJavaと、それぞれ異なる言語による開発ツールをアプリ開発者に提供していたため、同じ機能をもつアプリを開発するには、Objective-CとJavaの両方を知っている必要がありました。
両プラットフォームへの対応は企業にとって大きなコストになるため、1つの言語もしくはフレームワークで、両プラットフォーム対応が可能になれば大きなコスト削減に繋がります。クロスプラットフォーム開発は企業の開発コストを削減するために、半ば自然的に発生したものでもあります。

もちろん、クロスプラットフォームはメリットばかりではありません。クロスプラットフォームによる開発には、現実的には各プラットフォームの知識が必要となります。例えば、iOS版のアプリとAndroid版のアプリをリリースするためには、それぞれのプラットフォームでのリリース手順を把握しておく必要があります。また、プラットフォーム固有の機能を利用するには、それぞれのプラットフォームに対応するプラグイン開発などが必要になります。

クロスプラットフォーム開発を効率的に導入するためには、自社の課題を適切に把握すること、それぞれのクロスプラットフォーム技術を適切に理解する必要があります。次項からは、Flutter開発の特徴を具体的に紹介します。

1-1-2 Hot Reloadによる開発速度向上

FlutterはHot Reloadに対応しています。Hot Reloadとは、ソースコードの修正を実行中のプログラムにリアルタイムで反映することを意味します。

Flutterは、Dartの仮想マシン（DartVM）を搭載しており、仮想マシン上ではインタプリタ実行が可能です。インタプリタとはコンパイルと対をなす概念で、アプリケーション実行時にソースコードを機械語に変換する仕組みです。つまり、デバッグ時にソースコードをビルドし、アプリケーションを端末（シミュレーターやエミュレータも含む）にインストールすれば、アプリケーション実行中のソースコード変更が可能になり、アプリケーションの動作をリアルタイムで変更できます。

FlutterのHot Reload機能を利用すれば、従来のアプリケーション開発における、ソースコードの修正→ビルド→インストール→動作確認のプロセスを効率化でき、短い開発サイクルを実現できます。

1-1-3 洗練された独自UI

Flutter開発の最大のメリットの1つは、プラットフォームを意識した洗練されたデザインです。Flutterには独自の描画システムが用意されているため、iOSやAndroidのSDKで提供されるUIコンポーネントは利用しません。次図に示す通り、AndroidならびにiOS向けの標準コンポーネントが用意されています（図1.1.3.1～図1.1.3.2）。iOSのStoryboardやAndroidのXMLなど、プラットフォームに依存する複雑なレイアウト構築手法を覚える必要はありません。

図1.1.3.1：Androidの標準コンポーネント

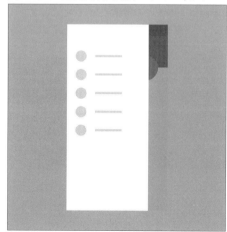

図1.1.3.2：iOSの標準コンポーネント

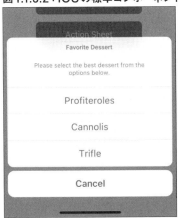

Android向けの開発では、Googleが提唱するデザインガイドライン、Material Design[1]をベースにしたコンポーネント[2]を提供しています。また、iOS向けの開発では、iOSのデザインガイドラインである、Apple Human Interface Guidelines[3]に沿ったCupertino Widget[4]を提供しています。

また、プラットフォームを意識したUIコンポーネントの提供だけではなく、アニメーションのAPIや滑らかな高フレームレートのスクロールを実現できることも、Flutter開発によるメリットの1つです。特に一般的なAndroid向けの開発では、実装が複雑になりがちなアニメーションを簡単に実現できるため、リッチなUIを実現したいケースでは大きなメリットとなります。

各プラットフォームのUIガイドラインやアニメーションは頻繁に仕様が更新されますが、FlutterはAPIの更新頻度も高く、新たなリリースに対しても素早く対応することも特徴の1つです。ただし、Googleが提供するプラットフォームでもあるため、Material Designのコンポーネントは洗練されていますが、Cupertino Widgetに関してはまだまだ改善の余地があるといえます。

SwiftUIとJetpack Compose

UI開発の新たな潮流として公開されている、AppleのSwiftUI[5]とAndroidのJetpack Compose[6]を紹介しましょう。いずれも綺麗なUI表現を簡単に実現できるレイアウト構築手法です。

---

1 https://material.io/design/
2 https://flutter.dev/docs/development/ui/widgets/material
3 https://developer.apple.com/design/human-interface-guidelines/
4 https://flutter.dev/docs/development/ui/widgets/cupertino
5 https://developer.apple.com/jp/xcode/swiftui/
6 https://developer.android.com/jetpack/compose

SwiftUI

SwiftUIは、Appleのプラットフォーム上で綺麗なUI表現を簡単に実現できる、新たなレイアウト構築手法です。従来のStoryboardを利用する仕組みとは異なり、Swift上で宣言的にレイアウトを構築可能です（図1.1.3.3）。下図のレイアウトを実現するコード例を示します（コード1.1.3.4）。

図1.1.3.3：SwiftUIのレイアウト

コード1.1.3.4：SwiftUIの実装

```
import SwiftUI

struct ContentView: View {
    @State var landmarks: [Landmark]

    var body: some View {
        List(landmarks) { landmark in
            HStack {
                Image(uiImage: UIImage(named: landmark.thumbnail)!)
```

```
                .resizable()
                .frame(width: 48, height: 48, alignment: .leading)
                .aspectRatio(contentMode: .fit)
            Text(landmark.name)
            Spacer()
              if landmark.isFavorite {
                  Image(systemName: "star.fill")
                      .foregroundColor(.yellow)
              }
            }
          }
        }
      }
}

struct Landmark: Identifiable {
    var id = UUID()
    let thumbnail: String
    let name: String
    let isFavorite: Bool
}
```

この通り、自然言語的に宣言でき、かつAppleのいずれのプラットフォームでも動作するため、注目を集めています。もちろん、アニメーションなども簡単に記述可能です。詳細は、SwiftUIの公式ページ「SwiftUI Tutorials」[7]を参照してください。

Jetpack Compose

Jetpack Composeは、Googleが提供するAndroid上でのUI開発の新たなレイアウト構築手法です。Jetpack Composeには、以下の原則があります。

- 簡潔で慣用的であるKotlin表現
- 宣言的である
- 互換性がある
- 綺麗なUIを可能にする
- 開発を加速させる

Jetpack Composeは、Androidのオープンソースプロジェクトである AOSP（Android Open Source Project）上で開発されています。 下記のコード例に示す通り、SwiftUIと同様、簡潔かつ宣言的なレイアウト構築が可能です。なお、Jetpack Composeの詳細は、公式ページ[8]を参照してください。

---

7 https://developer.apple.com/tutorials/swiftui
8 https://developer.android.com/jetpack/compose

コード1.1.3.5：Jetpack Composeの実装

```
import androidx.compose.*
import androidx.ui.core.*

@Composable
fun Greeting(name: String) {
    Text ("Hello $name!")
}
```

1-1-4 ネイティブ開発と遜色ない高いパフォーマンス

Flutterを実際の開発現場で採用する際に気になるのが、そのパフォーマンスでしょう。本項では、UIの描画速度ならびに開発効率に影響するコンパイル速度に着目し、各プラットフォームのネイティブ開発と比較して、どの程度のパフォーマンスを発揮できるか紹介しましょう。

UI描画

FlutterにはFlutterエンジンと呼ばれる仕組みが存在し、高品質のモバイルアプリの実行を補助しています。コアライブラリ、アニメーション、グラフィックス、ファイルIO、ネットワークIO、アクセシビリティ、プラグインアーキテクチャ、Dartのランタイム、そして開発、コンパイル、実行のツールチェインまで幅広く含まれています。次図がFlutterのアーキテクチャ概略です（図1.1.4.1）。

図1.1.4.1：Flutterのアーキテクチャ[9]

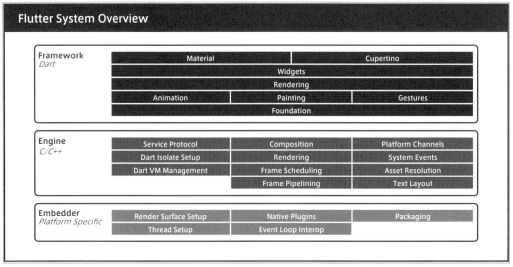

9　参照先：https://flutter.dev/docs/resources/technical-overview

また、Flutterエンジンには、Skia（スキア）と呼ばれる2Dのレンダリングエンジン、DartVMを含まれます。DartVMは、各プラットフォーム（iOS／Android）でSkiaを利用するためのローレベルAPIを提供することで、高いパフォーマンスを保っています。つまり、iOS／AndroidそれぞれのUIコンポーネントは利用せず、SkiaでUI描画を実現しています。

コンパイル速度などの開発効率

Flutterは、その用途により複数のコンパイル方法を利用することが可能です。開発者自身が意識することはあまり多くありませんが、知っておいて損はないでしょう。iOSとAndroidで異なるため、それぞれ紹介しましょう。

AOTとJIT

コンパイル方法の形式は、実行環境の違いで変化します。実行前にバイトコードにコンパイルする方法をahead-of-time（AOT）と呼びます。また、実行時にバイトコードに変換するコンパイル方法をjust-in-time（JIT）と呼びます。

Android

レンダリングエンジンであるSkia（スキア）のC/C++のコードは、Android NDKと共にコンパイルされます。すべてのDartコードは端末環境であるARMやx86上で実行可能なバイトコードに事前コンパイルされます（AOT）。これらのコードはrunnerというAndroidプロジェクトとして、1つのAPKファイルに含まれます。そして、実際にアプリが実行されるタイミングでFlutterのライブラリをメモリにロードします。UI描画、ユーザーのインプットやハンドリングなどはすべて、事前にコンパイルされたバイトコードで処理されます。

iOS

レンダリングエンジンであるSkia（スキア）のC/C++のコードは、LLVMと共にコンパイルされます。また、すべてのDartコードは端末環境であるARMで実行可能なバイトコードに事前にコンパイルされます（AOT）。これらのコードはrunnerというiOSプロジェクトとして、1つのIPAファイルに含まれます。Android版と同様、実際にアプリが実行されるタイミングでFlutterのライブラリをメモリにロードします。UI描画、ユーザーのインプットやハンドリングなどもAndroid同様、すべて事前コンパイルされたバイトコードで処理されます。

上述のAndroidとiOSの説明は、共に各プラットフォーム上でリリースビルドした際の挙動です。

各プラットフォームでのデバッグビルドでは、仮想マシン（DartVM）を利用し、実行時にバイトコードに変換しています（JIT）。デバッグビルドでは事前にコンパイルすることがないため、開発中の変更

をUIに即時に反映させることが可能になり、ネイティブ開発特有のコンパイルの待ち時間による開発効率の低下を回避できます。「1-1-2 Hot Reloadによる開発速度向上」で紹介した、Flutter最大の特徴の1つであるHot Reloadと呼ばれるものです。

1-1-5 マルチプラットフォーム対応

Flutterでは、iOS／Androidなどのモバイルプラットフォームのみだけではなく、それ以外の展開も考えられています。そのため、フルスクラッチ開発以外でも適用できる設計が採用されています。

現時点でステータスはまだExperimentalですが、既存のプラットフォームに組み込める形でもFlutterコンポーネントをパッケージングできる機能を開発中です。Appendixでも説明していますが、既に作成されているiOSやAndroidプロジェクトに対して、Flutterを組み込む方法[10]が用意されています。

また、同様に、Webアプリケーション[11]やDesktopアプリケーション[12]に対しても、Flutterコンポーネントが提供されています。

1-1-6 Flutterの利用企業

Flutterをリリースプロダクトに採用する際に気になるのが、Flutterの安定性や将来的な保守性です。実は既に大企業を含めて多くの企業がプロダクトに採用しています。実際、App StoreやGoogle Play Storeでアプリをリリースしている組織も多々あります。

本項では、Flutterの公式ページ[13]で紹介されている企業やアプリを紹介しましょう。

Alibaba Group

「Alibaba Group」[14]は世界最大のEコマース企業で、5,000万ダウンロード以上を記録しているアプリ「Xianyu」をFlutterで作成しています。もちろん、iOS版とAndroid版の両方が提供されています。

Google Ads

「Google広告」（Google Ads）は、Google Adsキャンペーンを適切に行うための専用アプリケーションです。このアプリもFlutterで作成されています。「Google Assistant」も同様にFlutterで作成されています。

---

10 https://github.com/flutter/flutter/wiki/Add-Flutter-to-existing-apps
11 https://github.com/flutter/flutter/wiki/Building-a-web-application-with-Flutter
12 https://github.com/flutter/flutter/wiki/Desktop-shells
13 https://flutter.dev/showcase
14 https://www.alibaba.com/

AppTree Software, Inc.

AppTreeは、マクドナルドやスタンフォード、ウェイフェア、フェルミラボなど、大規模な企業法人向けのアプリをFlutterで提供しています。

Reflectly

Reflectlyは、人工知能を用いた日記とマインドフルネスのFlutterアプリを提供しています。

Hamilton The Musical

「Hamilton The Musical」は、ブロードウェイミュージカルとしてヒットしたHamilton公式のアプリです。毎日の宝くじ、独占的ニュースやビデオ、トリビアゲーム、商品ストアなどを提供しています。

Google Greentea

「Google Greentea」はGoogleの営業で広く使用されている内部の顧客管理アプリで、営業目標をトラッキングを可視化しています。

Abbey Road Studios

Abbey Road Studiosの「Topline」は、アーティストが曲を録音する手助けとなります。ファイルの共有をはじめとして、読み込んだトラックを再生したり歌詞を追加したりできます。

Tencent Holdings

Tencentの「Now Live」は、数千万のMAU（Monthly Active User）を持つ動画ストリーミングサービスです。これ以外にも「AITeacher」や「Mr. Translator」など数多くのアプリを公開しています。

Jingdong Finance

Jingdon Financeは、大手デジタルテクノロジー企業で、フィンテック、デジタルエンタープライズサービス、および現代のコンピューティングなど幅広く手掛けるアプリです。

Chapter 1 | Flutterとは

1-2

既存のクロスプラットフォーム開発

クロスプラットフォーム開発のメリット・デメリットに関しては、「1-1-1 クロスプラットフォームの概念」で紹介しました。本項では既存のクロスプラットフォーム技術を紹介します。

Flutterは2018年の12月にv1.0がリリースされた比較的新しいクロスプラットフォーム技術です。Flutterのみならず他のクロスプラットフォーム技術を知ることで、プロダクトやプロジェクトに適切な技術選定が可能になります。現在、複数のモバイルクロスプラットフォーム技術が存在しますが、本項では代表的といえる、Xamarin、Unity、React Nativeを紹介します。

1-2-1 Xamarin

Xamarinは、現在はMicrosoftが開発しているクロスプラットフォーム開発環境です。
2016年にMicrosoftに買収される以前から、XamarinはWindowsの.NET FrameworkをiOSとAndroidでも実行できるように開発されていました。コアサブセットである.NET coreと各プラットフォーム（iOS／Android）へのAPIをラップするものから構成されています。開発言語は.NET Frameworkと同じC#で、開発環境はVisual Studioです。

Xamarinは、UI描画にネイティブのコンポーネントを利用しています。そのため、基本的なロジックを共通化し、UI部分は各プラットフォームのものを利用したい場合に適しています。また、最新のiOS／Androidのリリースにも素早く対応しているため、最新のUIや機能の実装に困ることはないでしょう。

Xamarinのデメリットは、iOS／Androidの画面レイアウトやプラットフォーム固有の機能を、開発者自身が把握している必要があることです。例えば、iOSの画面に利用するViewController、AndroidのActivityなど、各プラットフォームのものを十分に理解しておく必要があるため、求められる前提知識が増えがちです。
ちなみに、この問題を解決するために開発されたフレームワークがXamarin.Formsです。UIを構築する共通の構造体を定義することで、各プラットフォームの画面を生成可能です。iOS／Androidだけではなく、WindowsやTizen、Linuxなどのプラットフォームにも対応しています。

12

Xamarinの歴史は古く、Microsoftが買収した後はVisual Studioに組み込まれているため、強力な統合開発環境（IDE）で効率的な開発が実現されています。C#による開発経験があれば、Xamarinは有力な選択肢の1つになるでしょう。ただし、Flutterに搭載されているHot Reload機能は用意されていません。従来のネイティブ開発のフローに近いものになるため、小規模プロジェクトやモック開発としての利用を検討している方にはあまりおすすめできません。

1-2-2 Unity

UnityはUnity Technologiesが開発しているゲームエンジンです。Unityには初心者向けの無料版（Personal）と個人開発者向け有料版（Plus）、さらに法人向け有料版（Pro with Teams Advanced）が用意されており、簡単でリッチなグラフィックスを提供しています。Unityの開発言語はC#です。

他のクロスプラットフォーム環境と特に異なる点は、各種ゲーム機（Play Station 4など）のプラットフォームに対応していることです。もちろん、iOSやAndroid、Windowsなどにも対応しています。また、2D描画はもちろん、3D描画でも優れたパフォーマンスを発揮し、開発自体もGUI上で比較的簡単です。GPUを利用するゲームをはじめ、最近ではVRやARアプリの開発を検討している場合は、必ずUnityを選択肢の1つにいれるべきでしょう。

デメリットは必要となる消費電力です。Unityはゲームエンジンであり、高いフレームレートが求められるゲームアプリケーションなどでよく利用されます。そのため、描画速度のパフォーマンスが最重視されるため、結果として電力消費量も激しく大きくなってしまいます。

結論として、リアルタイム性を問われない純粋なアプリケーション開発には、Unityはお勧めできません。また、UnityではGUIツールも提供されており、もちろん、独自UIコンポーネントの作成も可能です。しかし、iOS／AndroidのGUIツールと比較すると機能的にはどうしても劣るため、GUIツールを理由にUnityを採用することにはならないでしょう。

1-2-3 React Native

React NativeはFacebookが開発しているモバイルアプリのフレームワークです。Facebook開発のビューライブラリであるReact.jsの思想、「Learn once, Write anywhere」を受けているため、WebでのReact.jsを把握していれば、比較的簡単に学習できます。開発言語はJavaScriptです。
React Native最大のメリットは、Webの知識を有している開発者であれば、比較的に学習コストが低

い点です。例えば、レイアウトの作成にはFlexboxを利用できます。また、React Nativeのツールは、NPMで提供されています。他のクロスプラットフォームでも一般的ですが、iOS／Androidだけではなく、React Native for WebがあるためWebに対応することも可能です。

また、Live ReloadやHot Reloadが提供されているのもメリットです。ちなみに、Live ReloadはHot Reloadと異なり、ファイル変更に対してStateを保持せずにリフレッシュします。Hot Reloadでは変更前の値が保持され、更新後にも値は反映されますが、Live Reloadでは値が保持されません。

デメリットとしては、iOS／Android内のフレームワークに特有の機能がある場合は、それぞれ直接設定を追記する必要があることです。つまり、ネイティブ開発の知識が必要になります。ただし、これは、多くのクロスプラットフォームが抱えている問題で、Flutterも同様です。

Flutterとの大きな違いは、UIコンポーネントは各プラットフォーム（iOS／Android）のものを利用していることです。React NativeはJavaScriptとネイティブ環境をブリッジする機構を提供することで、各プラットフォームのUIをそのまま利用した描画を実現しています。

1-2-4 Flutter

Flutterは前述の通り、Googleが開発しているフレームワークで、開発言語はGoogle製のDartです。React Nativeと同様にiOS／Androidだけではなく、Webまたデスクトップにも対応しています。

Flutter最大の特徴は、独自のレンダリングシステムを持つことです。Skia（スキア）と呼ばれるレンダリングエンジンを利用して独自のUIを描画しています。Unityよりパフォーマンスは低いですが、描画速度はかなり速く、電力消費量が少ないアプリ用途であれば活躍する場面も多いでしょう。また、公式サイトでは、3D描画にも将来的に対応すると言及されており、今後の動きにも注目すべきです。

プラットフォーム間で差異がある機能は、プラグインを開発する必要があるためネイティブ開発の知識は必須ですが、DartVM上で動くためHot Reload機能が利用できることも大きな特徴です。

また、同じGoogle製のFirebaseとの相性が良いため、既にさまざまなプラグインがFlutter開発チームから提供されています。

Chapter 2

開発環境の構築

本章ではFlutter本体のインストールに加えてiOSシミュレーターや
Androidエミュレータでの開発環境の構築を紹介し、
iOS／Android端末上でアプリケーションを動かします。
Flutter自体はクロスプラットフォームですが、
ビルドシステムや端末上での動作などは既存システムを使用するため、
各プラットフォームの開発環境も整える必要があります。

Chapter 2 | 開発環境の構築

2-1

インストール

本節ではFlutter本体をインストールします。Flutterのセットアップは、Flutter SDKをダウンロードして適切なパスに配置して、flutterコマンドを使用可能にします。Flutter導入に続き、統合開発環境であるAndroid Studioのインストールおよびセットアップを実行します。

2-1-1 Flutterの導入

本項ではFlutter本体をインストールします。Flutterでは執筆時（2019年9月現在）、下表に示すシステム要件が定義されています。下表の各種ツールはインストール済みであることが前提です。それぞれの公式サイトなどを参考に、事前にインストールしてください。

表2.1.1.1：Flutter開発のシステム要件

OSバージョン	ディスク容量	必要ツール類
Windows 7 SP1以降（64ビット）	400MB	Windows PowerShell 5.0以上 / Git for Windows 2系
macOS（64ビット）	700MB	bash/curl/git 2系/mkdir/rm/unzip/which
Linux（64ビット）	600MB	bash/curl/git 2系/mkdir/rm/unzip/which/xz-utils/libGLU.so.1

Flutterコマンドのインストール

はじめにFlutter本体をインストールします。Flutterの公式サイト[1]で最新版をダウンロードできるため、各プラットフォームに応じて最新版をダウンロードしましょう。

Windows環境では、ダウンロードしたファイルを解凍して、その中にあるflutterフォルダを任意のフォルダに配置します。インストール先はアクセスに許可が必要となるディレクトリは避けてください[2]。配置後は、flutterディレクトリ内に用意されているバッチファイル**flutter_console.bat**を実行することで、Flutter Consoleからflutterコマンドが使用可能になります。

---

1 https://flutter.dev/docs/get-started/install
2 Flutter公式サイトでは、アプリケーションのインストール先として一般的である**C:\Program Files**以下ではなく、**C:\src\flutter**などのディレクトリにインストールすべきだと記述されています。

macOSおよびLinuxの場合、ダウンロードしたファイルを解凍して、その中にあるflutterディレクトリを任意のフォルダに配置します。続いて、下記コードに示す通り、配置したflutterディレクトリ内のbinディレクトリを環境変数PATHに追加することで、flutterコマンドが使用可能になります。

コード2.1.1.2：インストール先ディレクトリを環境変数PATHに追加

```
export PATH=$PATH:/PATH_TO/flutter/bin
```

flutter doctorによるインストール確認

flutterコマンドには、サブコマンドとしてdoctorが用意されています。doctorサブコマンドは、Flutter SDKのバージョンやPATH設定のチェック、FlutterがサポートしているエディタへのFlutterプラグインの設定、接続しているデバイス情報などを調べてくれます。また、インストール状況を網羅的に確認できる上に、未設定の項目に対してはどのような設定が必要であるかも、踏み込んで出力してくれます。

下記コマンド例に示す通り、doctorサブコマンドを実行してみましょう。コマンド出力の行頭にチェックマークが入っている場合、その行の項目はすべての設定が終了していることを示します。例えば、下記の例では、Android StudioでFlutterとDartのプラグインがインストールされてなく開発環境が設定されていませんが、それ以外の項目はすべて設定が終了しています。

コマンド2.1.1.3：doctorサブコマンドの実行例（コマンド）

```
$ flutter doctor
Doctor summary (to see all details, run flutter doctor -v):
[✓] Flutter (Channel stable, v1.5.4-hotfix.2, on Mac OS X 10.13.6 17G7024, locale ja-JP)
[✓] Android toolchain - develop for Android devices (Android SDK version 28.0.3)
[✓] iOS toolchain - develop for iOS devices (Xcode 10.1)
[!] Android Studio (version 3.4)
    ✗ Flutter plugin not installed; this adds Flutter specific functionality.
    ✗ Dart plugin not installed; this adds Dart specific functionality.
[✓] VS Code (version 1.35.1)
[✓] Connected device (1 available)

• No issues found!
```

2-1-2 Android Studio（インストールと機能説明）

前項で説明したFlutterの導入に続き、Android Studioをインストールします。
Android Studioはその名前の通り、Androidアプリケーションを開発するためのIDE（統合開発環境）です。公式のFlutterプラグインをインストールすることでFlutterアプリの開発にも利用できます。また、FlutterでiOSデバイス向けの開発をおこなう場合でもAndroid Studioを利用できるため、本書では主にAndroid Studioを利用して開発をおこないます。

Android Studioのインストール

Androidの公式サイト[3]からAndroid Studioをダウンロードします。
Windows環境ではダウンロードしたファイルを実行し、インストールウィザードの指示に従ってインストールします（図2.1.2.1）。

図2.1.2.1：Android Studioのインストールウィザード

macOSやLinuxの場合は、ダウンロードした中身を適切なフォルダに配置するだけでインストールが完了します。macOSではDMGファイル、Linuxの場合はtar.gz形式で配布されています。

---

3 https://developer.android.com/studio/?hl=ja

図2.1.2.2：macOSでのインストール

macOSでのインストールは、DMGファイルをマウントしてAndroid StudioをApplicationsフォルダへのショートカットにドラッグ＆ドロップするだけで完了します（図2.1.2.2）。

Flutterプラグインのインストール

Android Studioはインストール直後の状態ではAndroidアプリ開発専用であるため、Flutter開発のためには、プラグインをインストールする必要があります。まず、インストールしたAndroid Studioを起動して、[Configure]メニュー内の[Plugins]を選択します（図2.1.2.3）。

図2.1.2.3：Android Studio起動画面のConigureメニュー

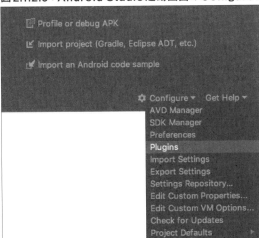

続いて、検索ボックスから公式の`flutter.io`が提供するFlutterプラグインを選択します。

図2.1.2.4：Flutterプラグインの選択

［Install］をクリックしてインストールします。この際、Dartプラグインも一緒にインストールするかを尋ねられるので、こちらもインストールします。

図2.1.2.5：Flutterプラグインのインストール

最後に再起動し、Flutter project作成のメニューが表示されればインストール完了です。

図2.1.2.6：Flutterプラグインのインストール完了

2-2

各デバイス向けの開発環境

本節では、AndroidとiOSそれぞれに対してFlutterを実行するために必要な設定を説明します。Flutterはクロスプラットフォームですが、AndroidとiOS環境で動作させるにはそれぞれ対応した開発環境を用意して、その上でFlutterを動かす必要があります。なお、iOSアプリの開発はmacOSでのみ可能です。注意してください。

2-2-1 Androidアプリケーションの開発環境

本項ではAndroid用の設定をおこないます。既にFlutterインストール時にAndroid Studioをインストールしているため、FlutterでAndroidアプリケーションを開発できる状態になっています。本項では、実行環境としてAndroidのエミュレータで動作可能にする設定をおこないます。基本的にJavaやKotlinを利用したAndroid開発と同様の手順になります。

エミュレータを利用した開発でも、Flutterではコマンドラインから作れるコマンドが提供されているため、Android SDKに同梱されているAVD Managerを利用する必要はありません。
具体的には下記に示すコマンドの実行で、**DevelopAndroid**の名前でVirtual Deviceを作成できます。Virtual Deviceの名前は自由に変更できるため、必要に応じて別の名前を指定した場合は以降はすべて読み替えてください。

コード2.2.1.1：Virtual Deviceの作成（コマンド）

```
$ flutter emulators --create --name DevelopAndroid
```

なお、必要ファイルがダウンロードされていない場合、次に示すエラーメッセージが表示されて作成に失敗します。

コード2.2.1.2：エラーメッセージの出力例（ログ）

```
Failed to create emulator 'DevelopAndroid'.

No suitable Android AVD system images are available. You may need to install these using
```

Chapter 2 | 開発環境の構築

```
sdkmanager, for example:
  sdkmanager "system-images;android-27;google_apis_playstore;x86"

You can find more information on managing emulators at the links below:
  https://developer.android.com/studio/run/managing-avds
  https://developer.android.com/studio/command-line/avdmanager
```

作成に失敗した場合、Android SDKの**tools/bin/**フォルダ内にあるSDK Managerを利用して、次のコマンドを実行してダウンロードしましょう[1]。

コード2.2.1.3：必須ファイルのダウンロード（コマンド）

```
$ sdkmanager "system-images;android-27;google_apis_playstore;x86"
```

Virtual Deviceの作成が完了すると、使用可能なVirtual Deviceを表示する**flutter emulators**コマンドの出力に、作成したVirtual Deviceの名前が表示されます。次のコマンド例に示す通り、--launchオプションの付与でAndroidエミュレータを起動できます。

コード2.2.1.4：Androidエミュレータの起動（コマンド）

```
$ flutter emulators --launch DevelopAndroid
```

Androidエミュレータが起動すると、**flutter devices**コマンドでエミュレータが表示されるようになります。

コード2.2.1.5：エミュレータの確認（コマンド）

```
$ flutter devices
1 connected device:

Android SDK built for x86 • emulator-5554 • android-x86 • Android 8.1.0 (API 27)
(emulator)
```

今回は**flutter emulators**コマンドを利用してVirtual Deviceを作成していますが、Androidの AVD Managerで作成したものと違いはありません。そのため、より細かく設定したい場合は、AVD ManagerからVirtual Deviceを作成できます。

1　このコマンドと出力結果は将来的に変更される可能性があるため、最新の出力をもとにインストールしてください。

図2.2.1.6：Androidエミュレータの起動

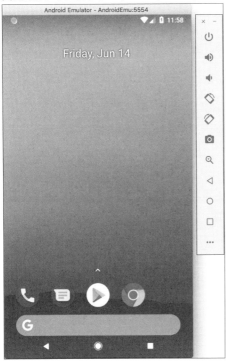

2-2-2 iOSアプリケーションの開発環境

本項ではiOS用の設定を説明します。iOSアプリの開発にはXcodeを利用するため、macOS上でしか開発できません。本項の内容はFlutter開発独自のものではなく、既にiOSアプリケーションの開発環境を構築しているのであれば、飛ばしても問題ありません。

また、実際のiOS端末での開発はプロジェクトごとに設定が必要になるため、本項ではシミュレーターでの開発のための設定にとどめ、端末向けの設定は、後述する実機での動作確認の際に説明します。

Xcodeのダウンロードとインストール

最新のmacOS環境であれば、Mac App Storeから最新のXcodeをダウンロードし、インストールまでがワンストップで完了します。旧版のXcodeを利用せざるを得ないケースでは、Apple Developer Programに登録することで、過去バージョンのXcodeをダウンロードできます[2]。

2　More Downloads for Apple Developers（https://developer.apple.com/download/more/）

有料のApple Developer Programへの登録は不要で、無料のDeveloper登録でダウンロード可能です。なお、FlutterではXcode 9.0以上が要求されます。

次に、最新のXcodeを利用するように**xcode-select**コマンドで設定します。最新版のXcodeを標準とは異なる場所にインストールした場合はそのパスに変更してください（コード2.2.2.1）。

コード2.2.2.1：Xcodeの設定変更（コマンド）

```
$ sudo xcode-select --switch /Applications/Xcode.app/Contents/Developer
```

最後にXcodeのライセンスに同意します。下記のコマンドを実行するか（コード2.2.2.2）、Xcodeを起動してライセンスに同意します。

コード2.2.2.2：ライセンスの表示と同意（コマンド）

```
$ sudo xcodebuild -license
```

すべての手順が終わった場合、**flutter emulators**コマンドの出力にiOSシミュレーターが表示されます（コード2.2.2.3）。

コード2.2.2.3：シミュレーターの確認（コマンド）

```
$ flutter emulators
1 available emulators:

apple_ios_simulator • iOS Simulator • Apple
```

また、次のいずれのコマンドでも、iOSシミュレーターを起動できます（コード2.2.2.4）。

コード2.2.2.4：iOSシミュレーターの起動（コマンド）

```
$ open -a Simulator

$ flutter emulators --launch apple_ios_simulator
```

iOSシミュレーターを起動すると、flutter devicesコマンドの出力にシミュレーターが表示されます（コード2.2.2.5）。ただし、細かい内容は出力と一致しない場合があります。

コード2.2.2.5：起動しているシミュレーターの確認（コマンド）

```
$ flutter devices
1 connected device:

iPhone 5s • XXXXXXXX-XXXX-XXXX-XXXX-XXXXXXXXXXXX • ios • iOS 12.1 (simulator)
```

図2.2.2.6：iOSシミュレーター

2-3 Flutterアプリケーションの作成

前節まではFlutterの開発環境構築を説明しましたが、本節では実際にアプリケーションを作って動作させながら説明を進めます。アプリケーションの内容そのものは後述の章で解説するため、本節ではFlutterのサンプルプロジェクトを作成して、実機やエミュレータなどで起動するまでを解説します。なお、本節ではすべてAndroid Studioを利用して作業を進めます。

2-3-1 新規アプリケーションの作成

まずは、Flutterアプリケーションのプロジェクトを作成します。Flutterプラグインがインストールされていれば、Android Studioのメニューに [Start a new Flutter project] の選択肢が表示されます。この項目を選択することで、Flutterプロジェクトの作成メニューを開始できます。

下図に示す通り、Android Studioではいくつかの種類のFlutterプロジェクトを作成可能ですが、本項ではFlutterアプリケーションを作るため、左端の [Flutter Application] を選択します。

図2.3.1.1：Flutterプロジェクトの制作

続いて、プロジェクト名と作成するフォルダを選択します。[Flutter SDK path]にはインストールしたFlutter SDKのパスを指定します。[Description]は後から簡単に変更できるので作成時に記述しなくても問題ありません。

図2.3.1.2：プロジェクト名や作成フォルダの指定

最後にパッケージ名を設定します。標準では[Company domain]をドット区切りで逆にした文字列と、「アプリケーション名」をドットで繋げた文字列が使われます。何らかの理由で変えたい場合は[Edit]で変更できます。パッケージ名には、基本的に全世界で重複しない文字列を設定する必要がありますが、本項で作成するパッケージは、動作を確認するためのサンプルアプリケーションなので、特に変更せずに標準のままでも構いません。

図2.3.1.3：パッケージ名に利用するCompany domain

最後に[Finish]ボタンをクリックすると、プロジェクトの作成と同時に、Android Studioでプロジェクトが開かれます。

Chapter 2 | 開発環境の構築

2-3-2 サンプルプロジェクトの構成

この項では生成されたFlutterアプリケーションの構成を説明します。 サンプルプロジェクトの構成は
簡単なため、Flutter開発の仕組みを理解するのには便利です。

ファイル構成

サンプルプロジェクトのファイル構成は下記の通りです（ログ2.3.2.1）。
本項ではすべて、プロジェクト名 **flutter_app** を前提にして説明します。プロジェクト名を他の名
前に変更している場合は、適宜読み替えてください。
なお、厳密にはプロジェクト作成直後にはbuildフォルダは存在しませんが、一度でもアプリをビルド
すると作成されるため含めています。

ログ2.3.2.1：プロジェクト内のファイル構成

```
flutter_app/
 ├ android/
 ├ build/
 ├ flutter_app.iml
 ├ ios/
 ├ lib/
 ├ pubspec.lock
 ├ pubspec.yaml
 ├ README.md
 └ test/
```

- **android/** FlutterをAndroidで実行する際に使うファイルが含まれています。
  このフォルダ内には、**flutter_app_android.iml** というAndroid Studioのプロジェクト
  ファイルが含まれ、フォルダ内のファイルだけで1つのAndroidアプリケーションのプロジェクト
  が構成されています。FlutterアプリケーションをAndroidアプリケーションとしてビルドすると、
  このフォルダで構成されるアプリケーションになります。

- **build/** Flutterアプリケーションをビルドした際にファイルを書き出すフォルダです。
  基本的に一時的なフォルダであるため、バージョン管理の対象からは外すのが得策です。

- **flutter_app.iml** FlutterアプリケーションのAndroid Studioのプロジェクトファイルです。
  開発する際はAndroid Studioでこのファイルを開きます。

28

- **ios/** FlutterをiOSで実行する際に使うファイルが含まれています。

  フォルダ内には、Xcodeのプロジェクトファイル **Runner.xcodeproj** が含まれており、フォルダ内のファイルで1つのiOSアプリケーションとなります。FlutterアプリケーションをiOSアプリケーションとしてビルドすると、このフォルダから構成されるアプリケーションになります。

- **lib/** Flutterアプリケーションのソースコードを格納するフォルダです。

  サンプルプロジェクトでは **main.dart** ファイルのみが作成されており、サンプルプロジェクトをビルドすると、このファイルに記述された内容のアプリケーションが作られます。

- **pubspec.lock** / **pubspec.yaml** Flutterのパッケージ管理用のファイルです。

  詳細は、「Chapter 5 ライブラリの実装」で解説します。

- **README.md** 自動生成されるREADMEファイルです。

  Flutterはいくつかのリファレンスへのリンクが含まれるREADMEを自動的に生成します。

- **test/** Flutterアプリケーションのテスト用のファイルを格納するフォルダです。

  初期状態では **widget_test.dart** のみが作成されています。テストに関しては、「Chapter 7 開発の継続」で解説します。

2-3-3 Androidエミュレータ／iOSシミュレーターでの起動

本項ではサンプルプロジェクトをAndroidエミュレータ及びiOSシミュレーターで動かします。Flutterプロジェクトでは、FlutterアプリケーションをiOSシミュレーターで動かす場合も、Xcodeを直接操作せず実行できるため、作業はすべてAndroid Studio上で完結します。

Androidエミュレータでの起動

Android Studioで作成したFlutterプロジェクトを開いた場合、プロジェクト画面の構成は概ね次図の通りになります（図2.3.3.1）。もちろん、Android Studioのバージョンやインストールしているプラグイン、初回起動時であるかどうかなど、若干挙動や表示に違いはありますが、本項での説明に影響はありません。

図2.3.3.1：Android Studioのプロジェクト画面

プロジェクト画面の上部には、下図に示す通り、アプリケーションのビルドや実行を司るボタンがまとめられています（図2.3.3.2）。

図2.3.3.2：アプリケーションのビルド・実行ボタン

Android StudioでFlutterアプリケーションを動かすには、最初に動かすデバイスを指定します。今回は「2-2-1 Androidアプリケーションの開発環境」で`DevelopAndroid`の名前で作成したVirtual Deviceを利用します。Virtual Deviceを作成していない場合は、「2-3-1 新規アプリケーションの作成」での説明を参考に、Android SDKのAVD Managerで作成するか、`flutter emulators --create`コマンドを利用してください。

Android Studioは起動しているVirtual Deviceに対してビルドを実行できます。起動していない場合は、次図に示す通り、Virtual DeviceをAndroidエミュレータで開く選択肢が表示されます（図2.3.3.3）。

図2.3.3.3：Virtual Deviceの起動

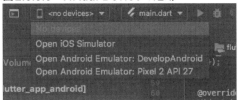

Virtual Deviceを選択するとAndroidエミュレータが立ち上がり、選択したVirtual Deviceを起動します。Virtual Device側の準備が完了すると、下図の通り、選択しているデバイスが選択肢に表示され、かつ自動で選択されます（図2.3.3.4）。

図2.3.3.4：Android StudioでのVirtual Deviceの指定

この状態で［Run］ボタンをクリックするとビルドが開始し、選択したVirtual Device上でFlutterアプリケーションが起動します（図2.3.3.5）。

図2.3.3.5：Androidエミュレータで起動したFlutterアプリケーション

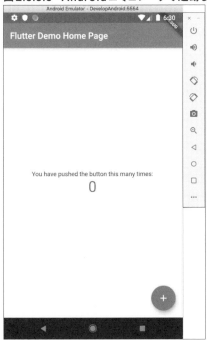

iOSシミュレーターでの起動

iOSシミュレーターで動かす場合も、Androidエミュレータと同じく動かすデバイスを指定します。こちらも起動デバイスを選択できるため、1つも起動していない場合はiOSシミュレーターを起動します。シミュレーターが起動するとAndroid Studioで選択された状態になるため、[Run]ボタンをクリックしてビルドします。

図2.3.3.6：iOSシミュレーターの選択

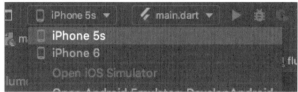

Android Studioは、Flutterアプリケーションのビルド後、自動でiOSシミュレーターにインストールして起動します。

図2.3.3.7：iOSシミュレーターで起動したFullterアプリケーション

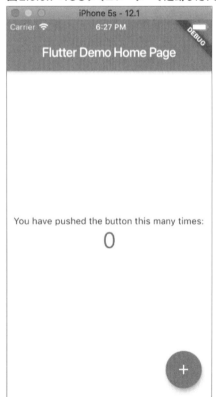

2-3-4 Android端末での起動

本項ではエミュレータではなく、実機（Android端末）を利用した開発環境を構築します。そのために［開発者向けオプション］で、開発用のパソコンから端末にアクセス可能にします。なお、この設定は、通常のAndroidアプリケーション作成の手順と同じなため、既に設定を済ませている場合は不要です。

［開発者向けオプション］の画面は、Android 4.2以降は初期状態では表示されないため、事前に表示する設定をおこないます。端末のバージョンなどでメニュー項目が異なる可能性がありますが、基本的には［システム］→［端末情報］を選択して、端末名やAndroidのバージョンが表示されている画面を探します。続いて、［端末情報］に表示されている項目から、ビルド番号が表示されている［ソフトウェア情報］を探します。表示項目から［ビルド番号］を7回タップすることで、開発者向けオプションが表示されます。

なお、［開発用向けオプション］はタップしたメニューとは異なる階層に表示されるので注意してください。また、FlutterはAndroid 4.1もサポートしていますが、4.1は最初から開発者向けオプションが表示されているため、上記の手順は不要です。

図2.3.4.1：ソフトウェア情報の画面（端末の種類によっては項目数が変わります）

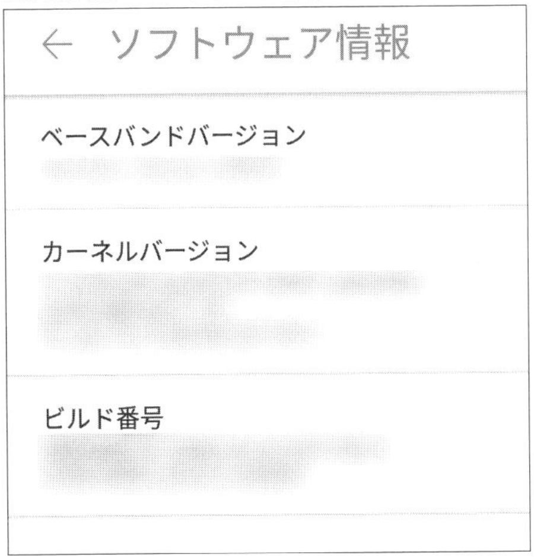

［開発者向けオプション］に移動後、［USBデバッグ］項目をタップしてチェック済みにして、USBデバッグを有効にします。

図2.3.4.2：開発者向けオプション画面のUSBデバッグ

［USBデバッグ］を有効にしたAndroid端末をFlutterプロジェクトを開いているコンピュータに接続すると、下図のダイアログが表示されます。

図2.3.4.3：USBデバッグの許可を求めるダイアログ

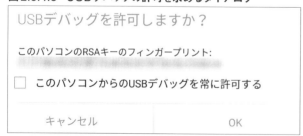

Android端末での開発には許可する必要があるため、［OK］をタップします。Android端末側で許可すると、次の通り、`flutter devices`コマンドの出力で接続デバイスが表示されます[1]。なお、許可していない場合は、許可していないデバイスが存在する旨が別枠として表示されます。

---

[1] コード例の出力はP008接続時の内容です。接続する端末によって出力結果は変わります。

コード2.3.4.4：Android端末の確認（コマンド）

```
$ flutter devices
1 connected device:

P008 • X9XXXX999999XXX • android-arm64 • Android 7.0 (API 24)
```

デバイス接続時は、Android Studioは自動で接続したデバイスを選択します。そのため、［実行］ボタンをクリックすると実機用のビルドが行われ、Flutterアプリケーションがインストールされて起動します。

2-3-5 iOS端末での起動

本項ではサンプルプロジェクトを実際のiOS端末で動かします。iOS端末で動作させるには、Apple Developer Programへの登録が必要です。アプリケーションをApp Storeでリリースする場合は有料プランへの登録が必要ですが、動作させるのみであれば無料プランで構いません。
なお、Xcodeを利用するため、本項の手順はmacOSでのみ実行できます。

開発ツール類のインストール

FlutterをiOS端末で動かすためには追加でライブラリ群をインストールする必要があります。macOSではhomebrew[2]を使ってインストールするので、事前にセットアップしましょう。
homebrewのインストールが終了したら**brew update**を実行して、最新の情報に更新します。続いて、下記に示す通り、必要なライブラリ群をインストールします[3]。

コード2.3.5.1：iOS開発ツールのインストール

```
$ brew install --HEAD usbmuxd
$ brew link usbmuxd
$ brew install --HEAD libimobiledevice
$ brew install ideviceinstaller ios-deploy cocoapods
$ pod setup
```

インストール後に**flutter doctor**コマンドを実行し、**iOS toolchain**の項目がチェックされていることを確認してください。準備が完了すると**flutter doctor**はチェックを付けてくれます。

2　インストール手順は公式サイト（https://brew.sh/）を参考にしてください。
3　libusbmuxdにバグがあり、修正したバージョンがリリースされていないため複雑になっていますが、本書を読んだタイミングによっては不要になっている場合もあります。

Xcodeの設定

iOS開発にはAppleが発行するプロビジョニングプロファイルが必要です。Xcodeから発行できるため、プロジェクト内のiosフォルダにある**Runner.xcworkspace**を直接開くか、Android Studioの[Tools] → [Flutter] → [Open iOS module in Xcode] から起動します（図2.3.5.2）。

図2.3.5.2：Android StudioからXcodeの起動

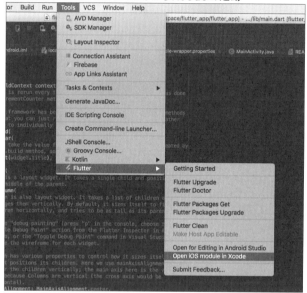

まずはXcodeでアカウントを登録します。Xcodeのメニューから [Xcode] → [Preferences] を選び [Acounts] をクリック、左下の [＋] ボタンでApple Developer Programに加入しているアカウントを登録します（図2.3.5.3）。

図2.3.5.3：Xcodeのアカウント登録

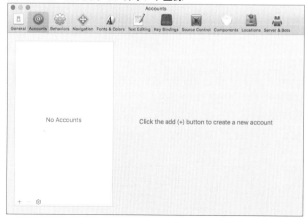

また、iOS端末に開発用アプリケーションをインストールするには、端末側での認証も必要です。iOS端末をmacOSに接続して、次図の画面が表示されたら［信頼］をタップします（図2.3.5.4）。

図2.3.5.4：iOS端末の確認画面（iPadの場合）

続いてプロビジョニングプロファイルを作成しましょう。

まずは、Project Navigatorの最上位の階層に位置しているRunnerプロジェクトを選択します。下図に示す通り、TARGETSにRunnerが選択された状態で、細かい設定が表示されます（図2.3.5.5）。

図2.3.5.5：Xcodeのプロジェクト設定画面

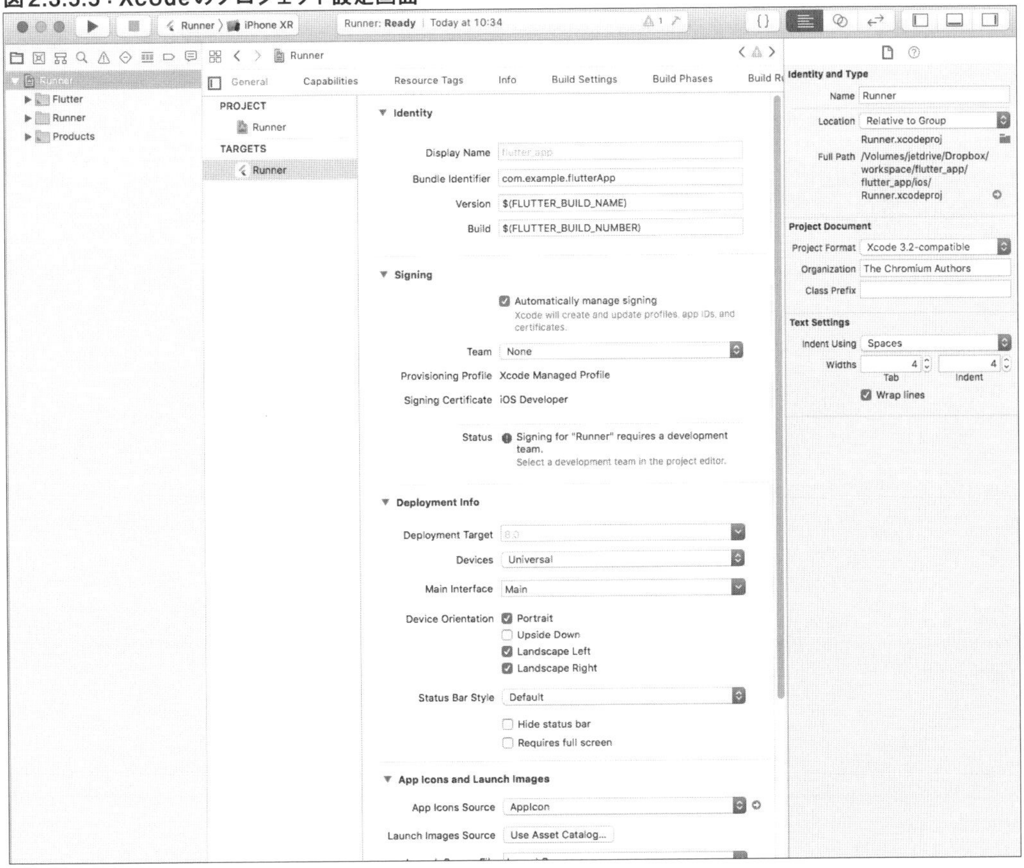

初期状態では[Team]項目が[None]であるため、プルダウンメニューから先ほど登録したアカウントを選択します。チームが選択されると自動で開発用プロビジョニングプロファイルが作成されます。プロビジョニングプロファイルの作成に成功すると、下図に示す通り、プロビジョニングプロファイルに関する情報が表示されます（図2.3.5.6）。

図2.3.5.6：プロビジョニングプロファイル作成の成功

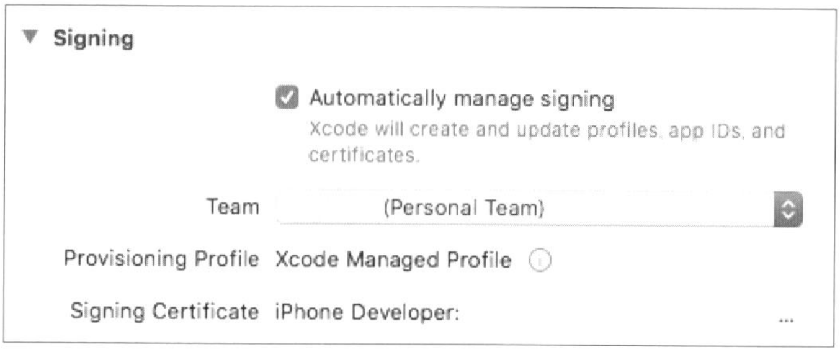

なお、iOSアプリケーションのBundle Identifierは全世界でユニークである必要があります。初期設定ではFlutterプロジェクトを作成時のプロジェクト名とCompany domainが利用されます。
例えば、デフォルト値の「com.example.flutterApp」を使用すると、下図に示す通り、その作成に失敗します（図2.3.5.7）。この場合はBundle Identifierを好きな値に変更し、[Try Again]をクリックしてください。

図2.3.5.7：プロビジョニングプロファイル作成の失敗

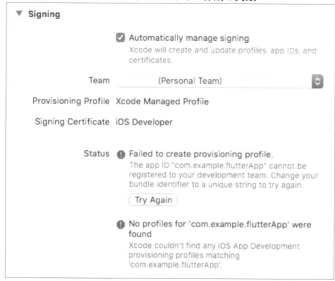

プロビジョニングプロファイルの作成が完了したら、端末で動かす準備は終了です。自動で保存されるのでXcodeを終了してAndroid Studioに戻りましょう。Android Studioの選択肢から接続したiOS端末を選び、[Run]ボタンをクリックするとアプリのビルドが開始し、端末上で実行されます。

2-3-6 Hot Reload

本項では「Chapter 1 Flutterとは」でも紹介している、Flutterの大きな機能の1つであるHot Reloadを紹介します。デバッグモードのアプリケーションであれば、AndroidもしくはiOS、実機か否かは問わないので、好みの環境で実行してください。

まずは、Hot Reloadを使わずに変更を反映すると、アプリの状態が失われることを確認しましょう。Flutterのサンプルアプリは右下のフローティングボタン[＋]をタップすると、下図に示す通り、画面中央に表示されるカウント数を増やせます（図2.3.6.1）。しかし、カウント数はメモリ上にのみ保存されるため、再起動するとカウント数は失われます。

図2.3.6.1：Flutterサンプルアプリ

アプリ起動中にAndroid Studioの[Run]ボタンをクリックすると、ビルドが実行されて新たなバイナリが再インストールされます。今回は変化を分かりやすくするため、表示するテキストを変更して再インストールします。
`lib/main.dart`の23行目、MyHomePageクラスへの引数を好きな文字列に変更し、[Run]ボタンをクリックして再インストールしてください。

コード2.3.6.2：タイトル文字列の変更

```
    primarySwatch: Colors.blue,
  ),
-  home: MyHomePage(title: 'Flutter Demo Home Page'),
+  home: MyHomePage(title: 'Flutter Normal Reload'),
  );
 }
}
```

アプリの再インストールが終わると、次図の通り、画面上部の表示が変わります。しかし、メモリ上のみの保存されていたカウント数は失われるため、画面中央のカウント数は0に戻ります。

図2.3.6.3：変数反映と同時に消失する状態（Hot Reloadなし）

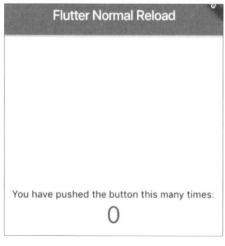

続いて、Hot Reloadを試して、状態が保持されたまま高速に変更が反映されることを確認します。
前述のコード例と同様、フローティングボタンからカウントを増やし、文字列を変更します。

コード2.3.6.4：Hot Reload用にタイトル文字列の変更

```
      primarySwatch: Colors.blue,
    ),
-    home: MyHomePage(title: 'Flutter Normal Reload'),
+    home: MyHomePage(title: 'Flutter Hot Reload'),
    );
  }
}
```

この状態で、Android Studioの［Run］ボタン横にある雷マークの［Hot Reload］ボタンをクリックします（図2.3.6.5）。

図2.3.6.5：Hot reloadボタン

処理が終わると、下図に示す通り、画面上部の表示が変わりますが（図2.3.6.6）、メモリ上のカウント数はそのまま残るため、画面中央のカウント数がHot Reload前後で変化していないのが確認可能です。

図2.3.6.6：変更が反映されても状態は維持（Hot Reloadあり）

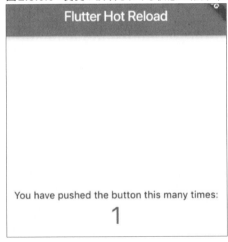

紹介したHot Reload機能を利用することで、UIの調整やデバッガなど、何度もコードを変更するケースでは、効率よく変更を反映可能となります。
今回紹介したアプリのサイズが小さいため、反映時間に特段の差はありませんが、アプリの規模が大きくなり、バイナリの作成時間が長くなればなるほど、Hot Reload機能の有用性が増します。

Flutter Studio

次の「Chapter 3 ウィジェット」で解説しますが、Flutterの画面構築はFlutterが提供する数多くのウィジェットでおこないます。

しかし、テキストによる画面構築は、画面が実際にはどのように表示されるかを想定することが難しく、慣れていないと躓いてしまう要因の1つです。できることなら、コードの記述ではなく画面を操作しながら画面構築を進めたいところです。そんなときは、慣れるまでWebアプリケーションであるFlutter Studio[1]を使ってみましょう。

図：Flutter Studio

Flutter Studioは、Webブラウザ上でウィジェットを配置できるアプリです。多くのウィジェットをサポートしており、マウスで必要なウィジェットを画面上にドラッグ＆ドロップすることで配置できます。また、カラーやフォントの種類など、各種プロパティもサポートされているので、Flutter Studioだけでも一通りの画面構築が可能です。

画面構築が完了したら、画面下部のタブからFlutter用のソースコードやpubspecファイルを取得できます。

---

1 https://flutterstudio.app/

Chapter 3

ウィジェット

ウィジェットはFlutterを構成する重要な要素です。
UIをウィジェットを用いてコードで表現できることは、
Flutterの大きな特徴の1つです。
全体的なレイアウトやデザイン、画像、テキスト、アニメーションなどのUI、
さらにはアプリ自体がウィジェットを用いて構築されています。
本章では、ウィジェットの扱いを中心に
UIの構築に必要な基本的な機能を解説します。

3-1 ウィジェットの基本

ウィジェットはFlutterアプリケーションを構築する基本的な要素です。UIのほとんどをウィジェットを用いてコードで表現することは、Flutterの大きな特徴の1つです。ウィジェットは状態を持ち、その状態を参照してどのようなUIを表示すべきかが記述されています。
本節では、前章で作成したプロジェクトを使用して、ウィジェットの取り扱いに関する基本的な知識を説明します[1]。

3-1-1 ウィジェットの基礎知識

プロジェクトには既にサンプルとなるウィジェットのコードが含まれています。**lib/main.dart**を見ると、下図のコードが含まれていることが確認できます。本章ではこのサンプルコードをもとに、ウィジェット取り扱いの基本となる知識を解説します。

図3.1.1.1；ウィジェットのコード概観

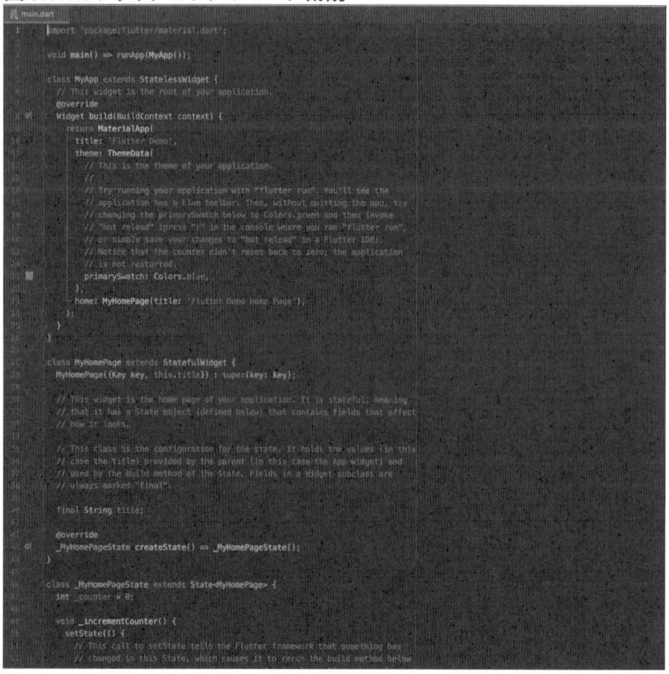

```
main.dart
import 'package:flutter/material.dart';

void main() => runApp(MyApp());

class MyApp extends StatelessWidget {
  // This widget is the root of your application.
  @override
  Widget build(BuildContext context) {
    return MaterialApp(
      title: 'Flutter Demo',
      theme: ThemeData(
        // This is the theme of your application.
        //
        // Try running your application with "flutter run". You'll see the
        // application has a blue toolbar. Then, without quitting the app, try
        // changing the primarySwatch below to Colors.green and then invoke
        // "hot reload" (press "r" in the console where you ran "flutter run",
        // or simply save your changes to "hot reload" in a Flutter IDE).
        // Notice that the counter didn't reset back to zero; the application
        // is not restarted.
        primarySwatch: Colors.blue,
      ),
      home: MyHomePage(title: 'Flutter Demo Home Page'),
    );
  }
}

class MyHomePage extends StatefulWidget {
  MyHomePage({Key key, this.title}) : super(key: key);

  // This widget is the home page of your application. It is stateful, meaning
  // that it has a State object (defined below) that contains fields that affect
  // how it looks.

  // This class is the configuration for the state. It holds the values (in this
  // case the title) provided by the parent (in this case the App widget) and
  // used by the build method of the State. Fields in a Widget subclass are
  // always marked "final".

  final String title;

  @override
  _MyHomePageState createState() => _MyHomePageState();
}

class _MyHomePageState extends State<MyHomePage> {
  int _counter = 0;

  void _incrementCounter() {
    setState(() {
      // This call to setState tells the Flutter framework that something has
      // changed in this State, which causes it to rerun the build method below
```

1　本章のイラストおよび画像は、「Layouts in Flutter」(https://flutter.dev/docs/development/ui/layout)を参照しています。

学習の準備

サンプルのコードには基本的なコードの記述方法が網羅されており、コメントも充実している良いサンプルです。しかし、最初からこのコードの内容をすべて理解することは難しいため、少しずつコードを追加していく形で解説を進めます。

なお、本項のサンプル内で使用されている標準提供のウィジェットに関する解説は省かせていただきます。標準で提供されているウィジェットの詳細は、次節「3-2 レイアウトの構築」で紹介します。

まずは`main.dart`に含まれるコードをすべて削除しましょう（必要であれば、バックアップを保存しておきましょう）。

最初のコード

`main.dart`がまっさらな状態になったところで、早速コードを記述していきます。

まずは、Flutterの基本的なウィジェットを使用可能にするために、下記コード例に示す通り、import文を記述します（コード3.1.1.2）。

コード3.1.1.2：基本的なウィジェットを利用可能にするimport文

```
import 'package:flutter/material.dart';
```

上記のimport文は他のファイルに定義された機能を読み込むコードです。このコードを記述することで、Flutterの基本的なウィジェットがこのファイル内で使用可能になります。

続いて、アプリが起動したときに、最初に動作する部分を記述します（コード3.1.1.3）。

コード3.1.1.3：エントリーポイントのコード

```
void main() => runApp(MyApp());
```

この時点ではエラーが出てしまいますが、まだ実行を指定している**MyApp**がまだ定義されていないためなので、問題はありません。

次項からは、早速ウィジェットの実装に入ります。

Chapter 3 | ウィジェット

3-1-2 StatelessWidget

本項では、元々のサンプルにあったウィジェット**MyApp**の実装を通して、StatelessWidgetの基本と記述方法を説明します。

StatelessWidgetとは、その名の通り状態（State）を持たないウィジェットです。状態を保持しないためシンプルな構造であり、ウィジェットの基本を学ぶには最適です。

それでは早速ウィジェットを記述していきましょう。

コード3.1.2.1：MyApp（StatelessWidget）

```
class MyApp extends StatelessWidget {
  @override
  Widget build(BuildContext context) => MaterialApp(
    title: 'Flutter Demo',
    theme: ThemeData(
      primarySwatch: Colors.blue,
    ),
    home: Scaffold(
      body: Center(
        child: Text(
          'Flutter Demo Home Page',
          style: Theme.of(context).textTheme.display1,
        ),
      ),
    ),
  );
}
```

上記コード例では、**build**メソッドを持つ**MyApp**ウィジェットを記述しています。**build**メソッドは、表示したいUIを表すウィジェットのインスタンスを返します。アプリが実行されると、必要なタイミングで**build**メソッドが呼び出され、そのメソッドが返すウィジェットのインスタンスをもとに画面が描画されます。
また、アプリ内のさまざまな状態が変化したときには、再度**build**メソッドが呼び出され、その結果をもとに画面を更新します。

ここまで記述できたところで早速アプリを実行してみましょう。問題なく記述できていれば、次図に示す画面が表示されます。

46

図3.1.2.2：MyApp（StatelessWidget）の実行

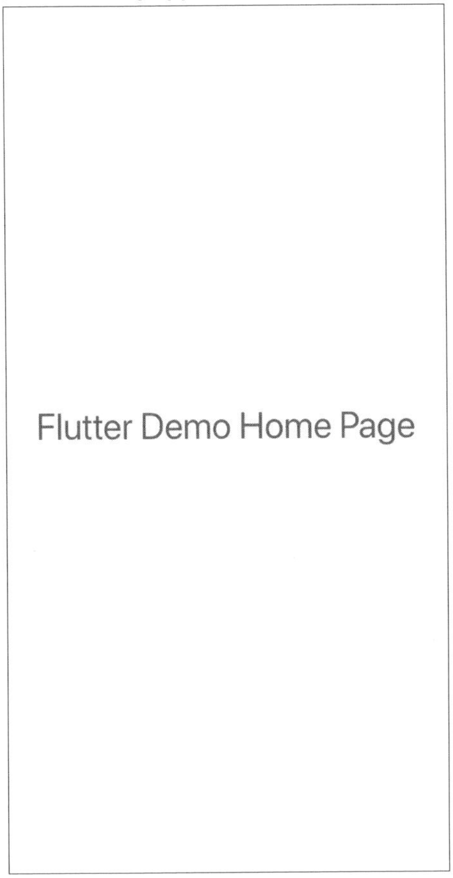

3-1-3 StatefulWidget

前章のサンプルのアプリケーションには、ボタンを押すことで数値が増加するカウントアップ機能が含まれていました。しかし、前項で利用したStatelessWidgetだけでは変化のある画面を実装することはできません。

本項ではStatefulWidgetを使って変化のある画面を実装する方法を説明します。

StatefulWidgetの構成

StatefulWidgetは、StatelessWidgetとは異なり2つのクラスから成り立っています。Widgetと
Stateです。それぞれのクラスは、下表に示す役割を持っています。

表3.1.3.1：WidgetとStateの役割

種別	サンプルでのクラス名	役割
Widget	MyApp	Stateを作成して返す
State	_MyAppState	状態を保持し、ウィジェットを描画(build)する

Widgetの記述

早速Widget部分を記述してみましょう。

Widgetで必ずおこなわなければならないのは、下記コード例に示す通り、**createState**メソッドを
定義して、**State**を作成し返すことです（コード3.1.3.2）。

コード3.1.3.2：MyApp（StatefullWidget）

```
class MyApp extends StatefulWidget {
  @override
  _MyAppState createState() => _MyAppState();
}
```

Stateの記述

Widgetの記述に続いて、State部分を記述します（コード3.1.3.3）。

コード3.1.3.3：_MyAppStateの記述

```
// State<...> の中身にはWidgetのクラス名を書きます。
class _MyAppState extends State<MyApp> {
  int _counter = 0;

  @override
  Widget build(BuildContext context) => MaterialApp(
    title: 'Flutter Demo',
    theme: ThemeData(
      primarySwatch: Colors.blue,
    ),
    home: Scaffold(
      body: Center(
```

```
      child: Column(
        mainAxisAlignment: MainAxisAlignment.center,
        children: <Widget>[
          Text(
            'You have pushed the button this many times:',
          ),
          Text(
            '$_counter',
            style: Theme.of(context).textTheme.display1,
          ),
        ],
      ),
    ),
  ),
);
}
```

WidgetとStateを記述したら、再び実行しているアプリを確認してみましょう。下図の画面が表示されていれば、正しく記述できています(図3.1.3.4)。

図3.1.3.4：MyApp (StatefulWidget) の実行

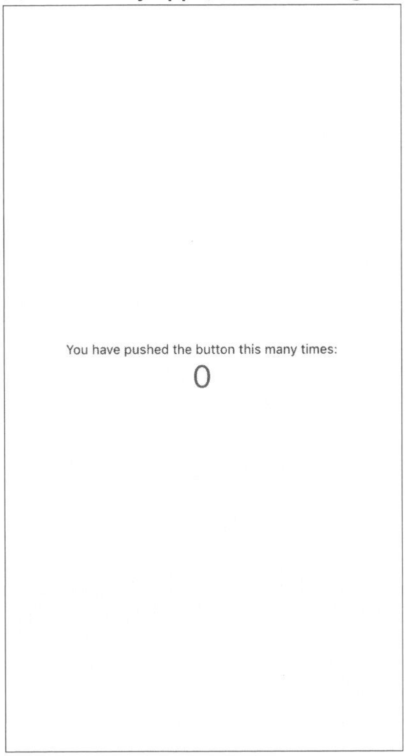

Chapter 3 | ウィジェット

カウントアップボタンの追加

カウンターの値を表示可能になったところで、続いてカウンターの値をカウントアップするためのボタンを設置しましょう。

_MyAppStateの**build**内に、下記コード例に示す通り、ボタンのウィジェットを追加します（コード3.1.3.5）。

コード3.1.3.5：カウントアップボタンの追加

```
@override
Widget build(BuildContext context) => MaterialApp(
  title: 'Flutter Demo',
  theme: ThemeData(
    primarySwatch: Colors.blue,
  ),
  home: Scaffold(
    body: Center(
      child: Column(
        mainAxisAlignment: MainAxisAlignment.center,
        children: <Widget>[
          Text(
            'You have pushed the button this many times:',
          ),
          Text(
            '$_counter',
            style: Theme.of(context).textTheme.display1,
          ),
        ],
      ),
    ),
    // この部分を追加（カウントアップボタンの追加）
    floatingActionButton: FloatingActionButton(
      tooltip: 'Increment',
      child: Icon(Icons.add),
    ),
    // ここまで
  ),
);
```

カウントアップするためのボタンを記述したところで、再びアプリの実行を確認してみましょう。正しく記述できていれば、次図に示す通り、画面右下にカウントアップボタンが表示されていることが確認できます（図3.1.3.6）。

50

図3.1.3.6：カウントアップボタンを追加した実行例

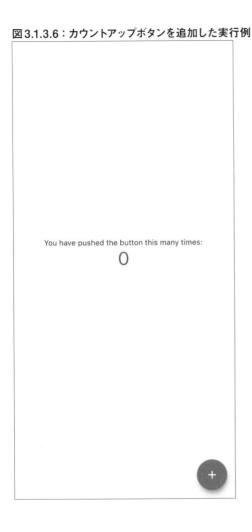

ボタンを押したら数値を増加させる

ここまでの記述で画面は完成に近付いていますが、まだカウントアップボタンを押しても何も起きない状態です。最後の段階として、カウントアップボタンを押したら数値が増加する機能を実装しましょう。

まずは、数値を増加させる処理を実装します。**_MyAppState**クラスに**_incrementCounter**メソッドを追加します（コード3.1.3.7）。

コード3.1.3.7：数値を増加させる_incrementCounterメソッドの追加

```
@override
Widget build(BuildContext context) => Scaffold(
  ...
);

// 追加
void _incrementCounter() { // 追加
  setState(() {
    _counter++;
  });
}
```

上記コードで重要なのが**setState**メソッドです。Stateクラスの状態を表すインスタンス変数を変更するときは、必ず**setState**メソッドを通して変更する必要があります。
この**setState**メソッドを呼ばずに直接変更してしまうと、状態が変更されたことをFlutterが検知できません。その結果、**build**メソッドの呼び出しなど必要な処理が実行されず、状態と画面表示に不一致が発生してしまいます。

続いて、ボタンを押した時に**_incrementCounter**が呼ばれるように設定します。

コード3.1.3.8：ボタンを押したときに_incrementCounterメソッドを呼び出す

```
    floatingActionButton: FloatingActionButton(
      onPressed: _incrementCounter, // 追加
      tooltip: 'Increment',
      child: Icon(Icons.add),
    ),
```

以上で、すべての機能の実装が完了しました。早速アプリの実行を確認してみましょう。次の画像に示す通り、カウントアップボタンで数値が増加することを確認できます（図3.1.3.9〜図3.1.3.10）。

図3.1.3.9：右下のボタンをタップする

図3.1.3.10：数値が増加する

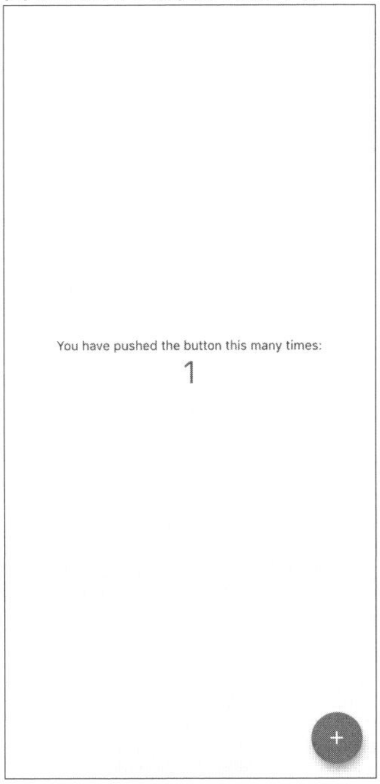

Chapter 3 | ウィジェット

3-2

レイアウトの構築

画面レイアウトの構築においても中心となるのはウィジェットです。Flutterアプリケーションに表示されるテキストや画像、アイコンなどはもちろんですが、それらのウィジェットを配置・整列させる行や列、グリッドなど、目には見えない部分もウィジェットで構成されています。

本節では、画面レイアウトをウィジェットを用いて構築していく、基本的な機能やその考え方を説明します。

3-2-1 レイアウト構築の基本

どんなに複雑なレイアウトのアプリケーションでも、実際はシンプルなウィジェットの組み合わせで表現することができます。本項では、基本的なウィジェットを組み合わせてレイアウトを構築する方法を説明します。

ウィジェットの配置

まずは、シンプルなレイアウト例を参考に、ウィジェットを配置する流れを説明しましょう。

1. メインとなるウィジェットの記述
2. メインのウィジェットをレイアウトウィジェット内に配置
3. レイアウトウィジェットをページに追加
   - (a) マテリアルデザインの場合
   - (b) 非マテリアルデザインの場合

1. メインとなるウィジェットを記述する

単純なテキストをメインのウィジェットとして使用します。下記コード例に示します(コード3.2.1.1)。

コード3.2.1.1：メインとなるウィジェット

```
Text('Hello World')
```

2. メインのウィジェットをレイアウトウィジェット内に配置

1で記述したメインのウィジェットを、下記コード例に示す通り、レイアウトウィジェット内に記述します（コード3.2.1.2）。

コード3.2.1.2：メインのウィジェットをレイアウトウィジェット内に記述

```
Center(
  child: Text('Hello World')
)
```

3a. レイアウトウィジェットをページに追加する（マテリアルデザイン）

Flutterアプリケーションは自身がウィジェットで、ほとんどのウィジェットは**build**メソッドを持っています。**build**メソッドでウィジェットをインスタンス化して返すと、ウィジェットが表示されます。**MaterialApp**ウィジェットを使うと、簡単にマテリアルデザインのアプリを作成できます。ウィジェットには、**MaterialApp**ウィジェットでの使用を前提にしているものがあります（後述する**Material library**に含まれています）。

マテリアルデザインのアプリでは一般的に**Scaffold**ウィジェットを使用します。**Scaffold**ウィジェットは標準のバナーや背景色を提供する他、次図の番号など一般的な要素を追加するAPIも提供します（図3.2.1.3）。

図3.2.1.3：MaterialAppのUI例

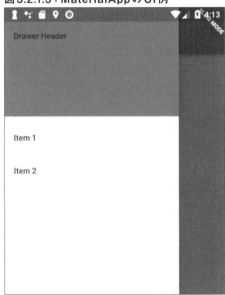

早速、2で作成したCenterウィジェットをScaffoldのbodyに直接指定します（コード3.2.1.4）。実行例は次図の通りです（図3.2.1.5）。

コード3.2.1.4：マテリアルデザインでレイアウトウィジェットをページに追加（lib/main.dart）

```
class MyApp extends StatelessWidget {
  @override
  Widget build(BuildContext context) => MaterialApp(
    title: 'Flutter layout demo',
    home: Scaffold(
      appBar: AppBar(
        title: Text('Flutter layout demo'),
      ),
      body: Center(
        child: Text('Hello World'),
      ),
    ),
  );
}
```

図3.2.1.5：レイアウトウィジェットをページに追加した実行例（マテリアルデザイン）

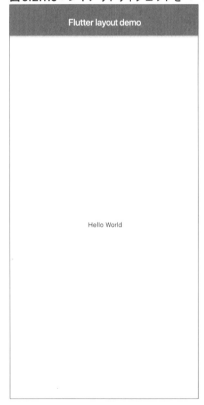

3b. レイアウトウィジェットをページに追加する（非マテリアルデザイン）

非マテリアルデザインの場合は、**build**メソッドに直接**Center**ウィジェットを追加できます（コード3.2.1.6）。しかし、実際にアプリを実行すると、次図に示す通り、画面イメージはかなりみすぼらしいものになってしまいます（図3.2.1.7）。

コード3.2.1.6：非マテリアルデザインでレイアウトウィジェットをページに追加（lib/main.dart）

```
class MyApp extends StatelessWidget {
  @override
  Widget build(BuildContext context) => Center(
    // textDecorationは、何も指定しないとマテリアルデザイン前提の処理が行われるので
    // エラーになってしまいます。
    child: Text('Hello World', textDirection: TextDirection.ltr),
  );
}
```

図3.2.1.7：レイアウトウィジェットをページに追加した実行例（非マテリアルデザイン）

Chapter 3 | ウィジェット

MaterialAppウィジェットを使用しない場合、デフォルトでは**AppBar**はもちろん、タイトルも背景色もない状態になります。これらの要素が必要な場合は自身で実装する必要があります。

下記に**MaterialApp**のデザインに近付けるため変更を加えたコード例を示します（コード3.2.1.8）。

コード3.2.1.8：MaterialAppのデザインに近付ける（lib/main.dart）

```
class MyApp extends StatelessWidget {
  @override
  Widget build(BuildContext context) => Container(
    decoration: BoxDecoration(color: Colors.white),
    child: Center(
      child: Text(
        'Hello World',
        textDirection: TextDirection.ltr,
        style: TextStyle(
          fontSize: 32,
          color: Colors.black87,
        ),
      ),
    ),
  );
}
```

図3.2.1.9：MaterialAppに近付けたデザイン

58

アセットの準備

ここから、一部で画像を取り扱うことになります。画像をはじめとしたソースコード以外のファイルは「アセット」と呼ばれます。Flutterアプリでアセットファイルを取り扱うためには設定が必要です。
詳細は「Chapter 4 状態管理」で説明するため、本項では画像の取り扱いに最低限必要な設定を紹介します。まずは、**pubspec.yaml**に下記の通り、設定を追加します（コード3.2.1.10）。

コード3.2.1.10：アセットの準備（pubspec.yaml）

```
flutter:
  assets:
    - images/ # 追加
```

これは、**images**ディレクトリ直下のファイルをすべてアセットとして取り扱う指定です。以降、サンプル内で画像を使用している場合は用意した画像を**assets**ディレクトリ直下に配置してください。

行と列によるレイアウト

一般的に広く適用できるデザインの考え方に、要素を行と列の組み合わせと考えて配置するものがあります。Flutterでは、**Row**ウィジェットで「行」、**Column**ウィジェットで「列」を表現できます。
下図は、行と列を組み合わせたレイアウトの例です（図3.2.1.11）。

図3.2.1.11：行と列によるレイアウト（全体像）

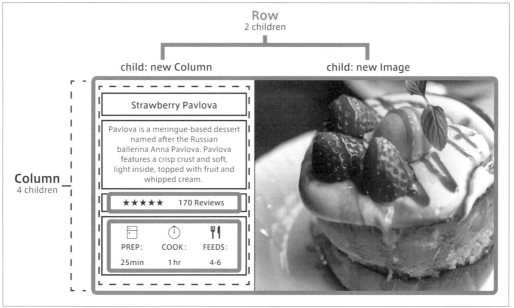

このレイアウトは、もっとも外側にRowウィジェットを使い、行として構築されています（図3.2.12）。この行には、左側の列ウィジェット（Column）と右側の画像ウィジェット（Image）と、2つの子要素が含まれています。左側の列ウィジェットは、さらに複数の行と列のウィジェットの組み合わせで成り立っています。

図3.2.1.12：行と列によるレイアウト（左カラム）

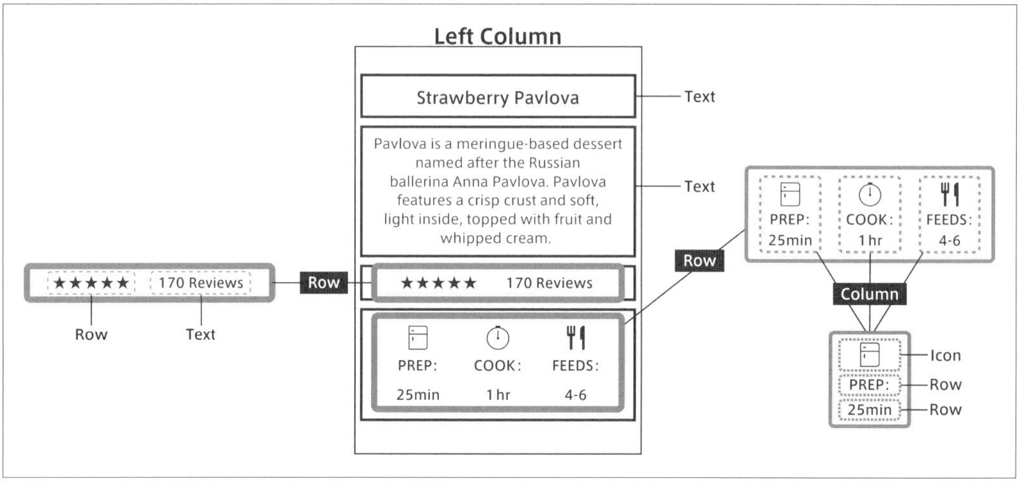

アラインメント

アラインメントとは、左寄せ・中央揃え・右寄せなど、要素の配置を指定することです。
Rowウィジェットと**Column**ウィジェットでは、**mainAxisAlignment**（Main Axis方向のアラインメント）と**crossAxisAlignment**（Cross Axis方向のアラインメント）の2つのプロパティを使ってアラインメントを制御できます。
行では、Main Axisは水平方向、Cross Axisは垂直方向を向いています。逆に列では、Main Axisは垂直方向、Cross Axisは水平方向を向いています。それぞれ図で示します（図3.2.1.13〜図3.2.1.14）。

図3.2.1.13：Rowウィジェットでの軸の方向

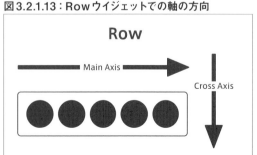

図3.2.1.14：Columnウィジェットでの軸の方向

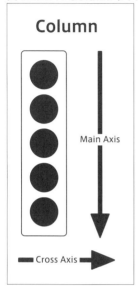

次の例では、1辺が100pxの画像を3枚配置します。表示範囲（ここでは画面全体）は300pxを超えるので、アラインメントに**spaceEvenly**を指定して、各画像の前後に均等に余白ができるように配置しています。下記にコード例と図を示します（コード3.2.1.15〜図3.2.1.16）。

コード3.2.1.15：RowウィジェットでMain Axis方向に等間隔に配置

```
Row(
  mainAxisAlignment: MainAxisAlignment.spaceEvenly,
  children: [
    Image.asset('images/pic1.jpg'),
    Image.asset('images/pic2.jpg'),
    Image.asset('images/pic3.jpg'),
  ],
)
```

図3.2.1.16：RowウィジェットでMain Axis方向に等間隔に配置する例

ColumnウィジェットでもRowウィジェットと同様に動作します。
前述のRowウィジェットの例と同じく、1辺100pxの画像を**spaceEvenly**を記述して、均等の余白と共に配置します。下記にコード例と実行された図を示します（コード3.2.1.17〜図3.2.1.18）。

コード3.2.1.17：ColumnウィジェットでMain Axis方向に等間隔に配置

```
Column(
  mainAxisAlignment: MainAxisAlignment.spaceEvenly,
  children: [
    Image.asset('images/pic1.jpg'),
    Image.asset('images/pic2.jpg'),
    Image.asset('images/pic3.jpg'),
  ],
);
```

図3.2.1.18：ColumnウィジェットでMain Axis方向に等間隔に配置する例

サイズの調整

ウィジェットが大きすぎてデバイスの画面に収まりきらない場合、はみ出してしまう部分に黄色と黒の縞模様が表示されます（図3.2.1.19）。

図3.2.1.19：ウィジェットが画面をはみ出している例

Expandedウィジェットを使用することで、ウィジェットを行内や列内に収めることができます。例えば、前述の例（図3.2.1.16）で画像の行が画面サイズに対して大きすぎる場合、各画像をExpandedウィジェットで包むことでこの問題を回避できます。下記にコード例と図を示します（コード3.2.1.20〜図3.2.1.21）。

コード3.2.1.20：ウィジェットサイズの調整

```
Row(
  crossAxisAlignment: CrossAxisAlignment.center,
  children: [
    Expanded(
      child: Image.asset('images/pic1.jpg'),
    ),
    Expanded(
      child: Image.asset('images/pic2.jpg'),
    ),
    Expanded(
      child: Image.asset('images/pic3.jpg'),
    ),
  ],
);
```

図3.2.1.21：ウィジェットサイズの調整例

Expandedウィジェットでは、flexプロパティを使って特定要素のサイズを変更することもできます。flexプロパティの値は基準となるサイズに対してどれだけ大きくするかを表す整数値で、デフォルト値は1です。下記コード例では、中央の画像が他に対して2倍サイズで表示されます（コード3.2.1.22〜図3.2.1.23）。

コード3.2.1.22：flexプロパティの指定

```
Row(
  crossAxisAlignment: CrossAxisAlignment.center,
  children: [
    Expanded(
      child: Image.asset('images/pic1.jpg'),
    ),
    Expanded(
      flex: 2,
      child: Image.asset('images/pic2.jpg'),
    ),
    Expanded(
      child: Image.asset('images/pic3.jpg'),
    ),
  ],
);
```

図3.2.1.23：flexプロパティ指定による拡大

ウィジェットのパッキング

標準では、行内および列内の要素はその親となる行または列をできる限り埋めるサイズで配置されます。もし要素を大きくせず小さくまとめたい場合は、**mainAxisSize**に**MainAxisSize.min**を指定することで実現できます（コード3.2.1.24～図3.2.1.25）。

コード3.2.1.24：mainAxisSizeにMainAxisSize.minを指定してパッキング

```
Row(
  mainAxisSize: MainAxisSize.min,
  children: [
    Icon(Icons.star, color: Colors.green[500]),
    Icon(Icons.star, color: Colors.green[500]),
    Icon(Icons.star, color: Colors.green[500]),
    Icon(Icons.star, color: Colors.black),
    Icon(Icons.star, color: Colors.black),
  ],
)
```

図3.2.1.25：ウィジェットのパッキング例

行と列の入れ子

行と列は必要に応じてそれぞれ入れ子にできます。例として、次の画像内の囲み部分の構造を見ていきましょう（図3.2.1.26）。

図3.2.1.26：評価とアイコン

前図の囲み部分は、2つ行として実装されています。評価を表示している上段の行は、5つの星とレビュー数を表示しています。下段部分は、アイコンとテキストを含む3列で構成されています。

上段の評価を表示する部分のウィジェットは、下図の構造となっています（図3.2.1.27）。

図3.2.1.27：評価表示部分のウィジェットの構造

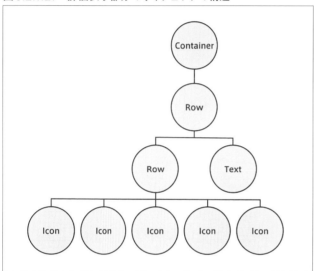

評価を表示する部分の実装を、下記のコード例に示します（コード3.2.1.28）。
レイアウトが複雑にネストする場合には、上記のコード例に示す通り、要素別に切り分け変数に入れたり、別の関数に分離したりすることで、可読性をあげることができます。

コード3.2.1.28：評価を表示する部分のウィジェット

```
final stars = Row(
  mainAxisSize: MainAxisSize.min,
  children: [
    Icon(Icons.star, color: Colors.green[500]),
    Icon(Icons.star, color: Colors.green[500]),
    Icon(Icons.star, color: Colors.green[500]),
    Icon(Icons.star, color: Colors.black),
    Icon(Icons.star, color: Colors.black),
  ],
);

final ratings = Container(
  padding: EdgeInsets.all(20),
  child: Row(
    mainAxisAlignment: MainAxisAlignment.spaceEvenly,
```

```
    children: [
      stars,
      Text(
        '170 Reviews',
        style: TextStyle(
          color: Colors.black,
          fontWeight: FontWeight.w800,
          fontFamily: 'Roboto',
          letterSpacing: 0.5,
          fontSize: 20,
        ),
      ),
    ],
  ),
);
```

下段のアイコン部分のウィジェットは、下図のツリー構造になっています（図3.2.1.29）。

図3.2.1.29：アイコン部分のウィジェットの構造

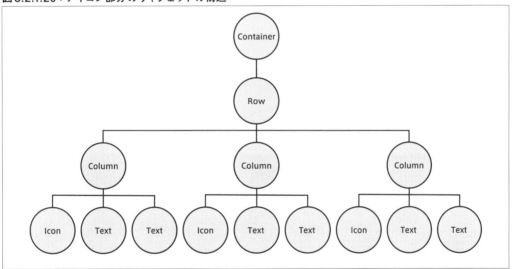

アイコンとテキストで構成される部分の実装を、下記のコード例に示します（コード3.2.1.30）。

コード3.2.1.30：アイコン部分のウィジェット

```
final descTextStyle = TextStyle(
  color: Colors.black,
  fontWeight: FontWeight.w800,
  fontFamily: 'Roboto',
```

```
    letterSpacing: 0.5,
    fontSize: 18,
    height: 2,
);

// DefaultTextStyle.merge() を使用することで、style に指定した要素に
// child 以下にあるテキスト要素に反映することができます。
final iconList = DefaultTextStyle.merge(
  style: descTextStyle,
  child: Container(
    padding: EdgeInsets.all(20),
    child: Row(
      mainAxisAlignment: MainAxisAlignment.spaceEvenly,
      children: [
        Column(
          children: [
            Icon(Icons.kitchen, color: Colors.green[500]),
            Text('PREP:'),
            Text('25 min'),
          ],
        ),
        Column(
          children: [
            Icon(Icons.timer, color: Colors.green[500]),
            Text('COOK:'),
            Text('1 hr'),
          ],
        ),
        Column(
          children: [
            Icon(Icons.restaurant, color: Colors.green[500]),
            Text('FEEDS:'),
            Text('4-6'),
          ],
        ),
      ],
    ),
  ),
);
```

3-2 レイアウトの構築

冒頭のサンプルを作成する

ここまでで紹介したものを組み合わせることで、図3.2.1.10で紹介したサンプルを作成できます。
まずは左側の列を構築します。

コード3.2.1.31：左側の列の実装

```
final leftColumn = Container(
  padding: EdgeInsets.fromLTRB(20, 30, 20, 20),
  child: Column(
    children: [
      Text('titleText'),
      Text('subTitle'),
      ratings,
      iconList,
    ],
  ),
);
```

これに画像要素を組み合わせることで、冒頭のサンプルになります。

コード3.2.1.32：サンプルウィジェット

```
final sample = Row(
  crossAxisAlignment: CrossAxisAlignment.start,
  children: [
    Container(
      width: 440,
      child: leftColumn,
    ),
    Image.network('images/main.jpg'),
  ],
);
```

あとは、下記のコード例に示す通り、この要素を呼び出すことで表示を確認できます（動作確認時は端末を横向きにして確認します）。

コード3.2.1.33：サンプルウィジェット全体（lib/main.dart）

```
import 'package:flutter/material.dart';

void main() => runApp(MyApp());

class MyApp extends StatelessWidget {
  @override
```

69

```
  Widget build(BuildContext context) => MaterialApp(
    title: 'Pavlova Demo',
    theme: ThemeData(primarySwatch: Colors.blue),
    home: Pavlova(),
  );
}

class Pavlova extends StatelessWidget {
  @override
  Widget build(BuildContext context) {
    final stars = Row(
      mainAxisSize: MainAxisSize.min,
      children: [
        Icon(Icons.star, color: Colors.green[500]),
        Icon(Icons.star, color: Colors.green[500]),
        Icon(Icons.star, color: Colors.green[500]),
        Icon(Icons.star, color: Colors.black),
        Icon(Icons.star, color: Colors.black),
      ],
    );

    final ratings = Container(
      padding: EdgeInsets.all(20),
      child: Row(
        mainAxisAlignment: MainAxisAlignment.spaceEvenly,
        children: [
          stars,
          Text(
            '170 Reviews',
            style: TextStyle(
              color: Colors.black,
              fontWeight: FontWeight.w800,
              fontFamily: 'Roboto',
              letterSpacing: 0.5,
              fontSize: 20,
            ),
          ),
        ],
      ),
    );

    final descTextStyle = TextStyle(
      color: Colors.black,
      fontWeight: FontWeight.w800,
      fontFamily: 'Roboto',
      letterSpacing: 0.5,
      fontSize: 18,
      height: 2,
    );

    // DefaultTextStyle.merge() を使用することで、style に指定した要素に
    // child 以下にあるテキスト要素に反映することができます。
    final iconList = DefaultTextStyle.merge(
```

```
      style: descTextStyle,
      child: Container(
        padding: EdgeInsets.all(20),
        child: Row(
          mainAxisAlignment: MainAxisAlignment.spaceEvenly,
          children: [
            Column(
              children: [
                Icon(Icons.kitchen, color: Colors.green[500]),
                Text('PREP:'),
                Text('25 min'),
              ],
            ),
            Column(
              children: [
                Icon(Icons.timer, color: Colors.green[500]),
                Text('COOK:'),
                Text('1 hr'),
              ],
            ),
            Column(
              children: [
                Icon(Icons.restaurant, color: Colors.green[500]),
                Text('FEEDS:'),
                Text('4-6'),
              ],
            ),
          ],
        ),
      ),
    );

    final leftColumn = Container(
      padding: EdgeInsets.fromLTRB(20, 30, 20, 20),
      child: Column(
        children: [
          Text('titleText'),
          Text('subTitle'),
          ratings,
          iconList,
        ],
      ),
    );

    final sample = Row(
      crossAxisAlignment: CrossAxisAlignment.start,
      children: [
        Container(
          width: 440,
          child: leftColumn,
        ),
        Image.network('images/main.jpg'),
      ],
```

```
    );

    return Scaffold(
      body: Center(child: sample),
    );
  }
}
```

3-2-2 レイアウト構築の基本的なウィジェット

前項「3-2-1 レイアウト構築の基本」では、基本的なウィジェットを組み合わせてレイアウトを構築する方法を説明しましたが、一般的によく使われるレイアウトは既に標準でウィジェットとして用意されています。本項では、標準で用意されているレイアウト構築に用いるウィジェットから、特に利用頻度が高いものをピックアップして紹介します。

ウィジェットの種類

本項で紹介するウィジェットは大別すると2つに分類できます。汎用的な**widgets library**に属するものと、マテリアルデザイン向けの**Material library**に属するものです。
widgets libraryに属するウィジェットはどのようなアプリでも使用できますが、**Material library**に属するウィジェットは**MaterialApp**ウィジェットの提供機能に依存するため、**MaterialApp**を使用したアプリでのみ使用できます。

Cupertino（iOS-style）widgets

Cupertino（クパチーノ）ウィジェット[1]は、iOS風のデザインを実現するウィジェット[2]です。これらのウィジェットを用いると、FlutterでiOS風デザインのUIを作成可能です。

しかしながら、iOSネイティブの機能を使用しているわけではないため、当然ながら多少の違和感が出るところもあります。また、現状Cupertinoウィジェットの開発優先度は高くはないので、質・量共に十分とはいえない状態です。
クロスプラットフォームを1つのコードで実現できるメリットなどもあるので、現時点では特段の理由がなければ、両プラットフォームとも同じデザインで作成する方が良いでしょう。

---

1 https://flutter.dev/docs/development/ui/widgets/cupertino
2 用意されているウィジェットは、公式ページを参照してください。

Container（widgets library）

Containerは多くのレイアウトで使われる基本的なウィジェットです。paddingやborder、marginを用いてウィジェットを綺麗に配置したり、背景（色や画像）を設定したりすることが可能です。

機能概要

- padding・border・marginの設定
- 背景色や画像の変更
- 1つの子ウィジェット（RowやColumnなどのウィジェットツリーの親となるウィジェットも含めることができます）

図3.2.2.1：ボックスモデルのイメージ図

下記コード例に示すのは、指定画像を横並びに2要素ずつ並べていくレイアウトです。

コード3.2.2.2：Containerの使用例

```
Widget _buildImageContainer(List<String> images) {
  // [image, image, image, image, ...]
  //    ↓
  // [[image, image], [image, image], ...]
  final slicedImages = images.fold<List<List<String>>>([], (list, image) {
    if (list.length == 0 || list.last.length >= 2) {
      list.add(<String>[]);
    }
    list.last.add(image);
    return list;
```

```
    });

    return Container(
      decoration: BoxDecoration(
        color: Colors.black26,
      ),
      child: Column(
        children: slicedImages.map((rowImages) => Row(
          children: rowImages.map((image) => Container(
            decoration: BoxDecoration(
              border: Border.all(width: 10, color: Colors.black38),
              borderRadius: BorderRadius.all(Radius.circular(8)),
            ),
            margin: EdgeInsets.all(4),
            child: Image.asset(image, width: 150),
          )).toList()
        )).toList(),
      ),
    );
  }
```

図3.2.2.3：Containerの実行例

GridView（widgets library）

GridViewはウィジェットを2次元のリストとして配置するウィジェットです。

概要

- ウィジェットをグリッド状に配置する
- 列の長さが表示領域を超えた場合は、自動的にスクロール機能が提供される
- グリッドの作成方法には、自分で組み立てる方法と、下記の提供済みAPIを使う方法がある
  - GridView.count：1列の要素数を指定して作成
  - GridView.extent：タイル（gridの各要素を指す）の最大幅を指定して作成

コード3.2.2.4：GridViewの使用例

```
Widget _buildGrid(List<String> images) => GridView.extent(
  maxCrossAxisExtent: 150,
  padding: EdgeInsets.all(4),
  mainAxisSpacing: 4,
  crossAxisSpacing: 4,
  children: images.map((image) => Container(
    child: Image.asset(image),
  )),
);
```

ListView（widgets library）

ListViewは、コンテンツが表示領域を超える場合にスクロール可能になります（Flutterでは、ウィジェットの中身は基本的にスクロールできません）。

概要

- 水平または垂直にレイアウト可能
- コンテンツが表示領域に収まらない場合は自動的にスクロール可能になる

コード3.2.2.5：ListViewの使用例

```
Widget _buildList() => ListView(
  children: <Widget>[
    _tile('映画館1', '映画館です', Icons.theaters),
    _tile('映画館2', '映画館です', Icons.theaters),
    _tile('映画館3', '映画館です', Icons.theaters),
```

```
    _tile('映画館4', '映画館です', Icons.theaters),
    _tile('映画館5', '映画館です', Icons.theaters),
    _tile('映画館6', '映画館です', Icons.theaters),
    Divider(),
    _tile('レストラン1', 'レストランです', Icons.restaurant),
    _tile('レストラン3', 'レストランです', Icons.restaurant),
    _tile('レストラン3', 'レストランです', Icons.restaurant),
  ],
);

ListTile _tile(String title, String subtitle, IconData icon) => ListTile(
  title: Text(title, style: TextStyle(
    fontWeight: FontWeight.w500,
    fontSize: 20,
  )),
  subtitle: Text(subtitle),
  leading: Icon(
    icon,
    color: Colors.blue[500],
  ),
);
```

Stack（widgets library）

Stackは、ベースとなるウィジェットの上に、別のウィジェットを重ねて配置するためのウィジェットです。よく使われるユースケースには、画像上にテキストを配置するパターンがあります。

概要

- ウィジェットを別のウィジェットに重ねて配置する
- **children**に渡したリストの最初のウィジェットがベースになり、残りの要素がベースウィジェットの上に重ねて表示される
- コンテンツはスクロールできない

コード3.2.2.6：Stackの使用例

```
Widget _buildStack() => Stack(
  alignment: Alignment(0.6, 0.6),
  children: [
    CircleAvatar(
      backgroundImage: AssetImage('images/pic.jpg'),
      radius: 100,
    ),
    Container(
      decoration: BoxDecoration(
```

```
        color: Colors.black45,
      ),
      child: Text(
        'Mia B',
        style: TextStyle(
          fontSize: 20,
          fontWeight: FontWeight.bold,
          color: Colors.white,
        ),
      ),
    ),
  ],
);
```

Card（Material library）

Cardはマテリアルライブラリに含まれるウィジェットで、関連する複数の情報をひとまとめに表示するためによく利用されます。ほとんどのウィジェットを子要素にできますが、後述する**ListTile**ウィジェットがよく使用されます。

Cardの子要素は1つのみですが、**Column**、**Row**、**ListView**、**Grid**などの複数の子要素を持てるウィジェットを使うことで、複数の子要素を含めることが可能です。また、標準では **0px x 0px** に縮んでしまうため、**SizedBox**などでサイズを指定する必要があります。

概要

- マテリアルデザインにおけるcard要素に対応する
- 主に関連する複数の情報をひとまとめに表示する用途で用いられる
- 子要素は1つのみだが、複数の子要素を持てるウィジェットを使うことで複数の子要素を持つことができる
- デザインは角丸とドロップシャドウが付いている
- コンテンツはスクロール不可

コード3.2.2.7：Cardの使用例

```
Widget _buildCard() => SizedBox(
  height: 210,
  child: Card(
    child: Column(
      children: <Widget>[
        ListTile(
          title: Text('xxxxxxx', style: TextStyle(fontWeight: FontWeight.w500)),
          subtitle: Text('yyyyyyy'),
          leading: Icon(
```

```
              Icons.restaurant_menu,
              color: Colors.blue[500],
            ),
          ),
          Divider(),
          ListTile(
            title: Text('03-1234-5678', style: TextStyle(fontWeight: FontWeight.w500)),
            leading: Icon(
              Icons.contact_phone,
              color: Colors.blue[500],
            ),
          ),
          ListTile(
            title: Text('example@example.com', style: TextStyle(fontWeight: FontWeight.
w500)),
            leading: Icon(
              Icons.contact_mail,
              color: Colors.blue[500],
            ),
          ),
        ],
      ),
    ),
  );
```

ListTile（Material library）

ListTileは、最大3行（titleの1行とsubtitleの2行）のテキストと、左右の要素（一般的にはアイコン）で構成されるレイアウトを簡単に実現するウィジェットです。一般的には**Card**や**ListView**の子要素として利用されることが多いですが、他の要素の子要素として用いられます。

概要

- 最大3行のテキストと左右の要素（主にアイコン）で構成されるデザインに特化

コード3.2.2.8：ListTileの使用例

```
Widget _buildListTile() => ListTile(
  leading: Icon(
    Icons.restaurant_menu,
    color: Colors.blue[500],
  ),
  title: Text('Main text'),
  subtitle: Text('Sub text 1\nSub text 2'),
  trailing: DropdownButton(
    hint: Text('番号'),
```

```
  items: ['1', '2', '3', '4'].map((value) => DropdownMenuItem(
    value: value,
    child: Text(value),
  )).toList(),
  onChanged: (value) {},
  ),
);
```

HotUI

Flutterによる開発では、Hot Reloadを利用することで開発効率が向上すると、「2-3-6 Hot Reload」で紹介しましたが、Flutterの開発者サポートはこれだけではありません。

例えば、Android Studioでは一部のサジェスト機能に画像を表示でき、どのような機能であるのか分かりやすくなっています。

図：画像付きのサジェスト機能

更にこの発展形として、HotUI[1] と呼ばれるものがプロトタイプとして実装されています。この機能は、ウィジェットのコードに対応したプレビュー表示が、エディタ内に表示されます。プレビュー表示でウィジェットを選択すると、該当するコードにジャンプします。

さらに、プレビュー側で変更するとコードにも反映され、Hot Reloadによりエミュレータ上の挙動も変わるため、画面を見ながらのUI開発がより可能になります。執筆時では、実際に動作するコードはまだ公開されてなく、ドキュメントと動画のみに留まっていますが、実際にリリースされれば、かなり強力な機能になるはずです。

---

1 https://docs.google.com/document/d/1ZaHqKnON8-WEhke3Y6FpHeuB5BNlxDQj1cCYB1Sol_g

Chapter 3　ウィジェット

3-3

画面遷移と
ウィジェットの状態管理

前節「3-2 レイアウトの構築」で説明した知識を用いれば、ウィジェットを組み合わせてある程度複雑なUIを作成できます。しかし、スマートフォンのアプリケーションは単なる静止画像ではなく、ユーザーの操作を受けて何らかの処理が実行され、それに伴って表示内容もどんどん変化していきます。

本節では、ユーザーの操作で切り替わる画面遷移や、操作で変更された状態の管理など、ウィジェットを組み合わせて「動く」アプリを作る基礎を説明します。

3-3-1　画面遷移

アプリケーションでは、すべての機能が1画面に収まっていることは少なく、ほとんどの場合は複数の画面で成り立っています。Flutterではこれらの画面を「**ルート** (route)」、ルート同士の行き来を「**ナビゲーション**」と呼びます。ルートはAndroidにおける**Activity**、iOSにおける**ViewController**に相当するもので、Flutterでは単なるウィジェットです。本項ではナビゲーションの具体的な実装方法を説明します。

新しい画面への遷移と前の画面への遷移

まずはもっとも基本的な遷移である、「新しい画面への遷移」と「前の画面への遷移」の実装を解説します。これらの実装では**Navigator**クラスを利用します。

1. 2つのルートを作成

最初に各ルートの外観を作成しましょう。画面遷移機能の解説であるため、画面遷移用のボタンだけが配置されているルートを2つ作成します（コード3.3.1.1〜コード3.3.1.2）。

コード3.3.1.1：1番目のルート

```
class FirstScreen extends StatelessWidget {
  @override
  Widget build(BuildContext context) => Scaffold(
```

80

```
      appBar: AppBar(
        title: Text('1番目のルート'),
      ),
      body: Center(
        child: RaisedButton(
          child: Text('次の画面を開く'),
          onPressed: () {
            // SecondScreenへ遷移する処理
          },
        ),
      ),
    );
}
```

コード3.3.1.2：2番目のルート

```
class SecondScreen extends StatelessWidget {
  @override
  Widget build(BuildContext context) => Scaffold(
    appBar: AppBar(
      title: Text('2番目のルート'),
    ),
    body: Center(
      child: RaisedButton(
        onPressed: () {
          // FirstScreenへ戻る処理
        },
        child: Text('戻る'),
      ),
    ),
  );
}
```

2. 新しいルートへの遷移の実装

新しいルートに遷移させるには、**Navigator.push**メソッドを使用します。このメソッドは**Navigator**が管理するルートのスタックに指定された**Route**インスタンスを追加します。

Routeインスタンスの作成方法には大きく2つがあり、自分でRouteインスタンスを作成する方法と、**MaterialPageRoute**を使用する方法とがあります。**MaterialPageRoute**はプラットフォームに合わせた画面遷移時のアニメーションを含んでいるため、一般的な用途ではこのクラスを利用するのが便利です。

次のコード例に示す通り、先ほどの**FirstScreen**の**onPressed**のコールバックにこの処理を追加します（コード3.3.1.3）。

コード3.3.1.3：2番目のルートに遷移させる

```
onPressed: () {
  Navigator.push(
    context,
    MaterialPageRoute(builder: (context) => SecondScreen()),
  );
}
```

3. 前のルートへの遷移の実装

前の画面へ遷移させるには、**Navigator.pop**メソッドを使用します。このメソッドは**Navigator.push**とは逆に、**Navigator**が管理するルートのスタックから現在の**Route**のインスタンスを削除します。

下記コード例に示す通り、新しいルートへの遷移と同様、**SecondScreen**の**onPressed**のコールバックに追加します（コード3.3.1.4）。

コード3.3.1.4：1つ目のルートに戻す

```
onPressed: () {
  Navigator.pop(context);
}
```

4. アプリに組み込む

最後に、これらの2ルートをアプリに組み込みます（コード3.3.1.5）。

コード3.3.1.5：エントリーポイント

```
import 'package:flutter/material.dart';

void main() => runApp(MaterialApp(
  title: 'Navigation',
  home: FirstScreen(),
));
```

名前付きルートによる遷移

Navigator.pushとNavigator.popを使用した基本的な画面遷移を説明しましたが、同じ画面に遷移する場面が多々ある場合は、この方法ではコードの重複が大量に発生してしまいます。Flutterでは「名前付きルート」(**Named route**) を使用してこの問題を解決できます。

1. 2つのルートを作成

作成するルートは、前述の「新しい画面への遷移と前の画面への遷移」で作成したルートと同じです。

コード3.3.1.6：1番目のルート

```
class FirstScreen extends StatelessWidget {
  @override
  Widget build(BuildContext context) => Scaffold(
    appBar: AppBar(
      title: Text('1番目のルート'),
    ),
    body: Center(
      child: RaisedButton(
        child: Text('次の画面を開く'),
        onPressed: () {
          // SecondScreenへ遷移する処理
        },
      ),
    ),
  );
}
```

コード3.3.1.7：2番目のルート

```
class SecondScreen extends StatelessWidget {
  @override
  Widget build(BuildContext context) => Scaffold(
    appBar: AppBar(
      title: Text('2番目のルート'),
    ),
    body: Center(
      child: RaisedButton(
        onPressed: () {
          // FirstScreenへ戻る処理
        },
        child: Text('戻る'),
      ),
    ),
  );
}
```

2. 名前付きルートの定義

ここまでは、**MaterialApp**作成時に**home**プロパティで初期ページを指定してきましたが、これに変えて、**initialRoute**と**routes**プロパティを指定することで名前付きルートを定義できます。
initialRouteにはアプリで最初に表示するページのルート名を指定します。**routes**には利用可能なルートの名前とルートの作成処理を作成します。なお、**initialRoute**は**home**プロパティと同時に使用することはできません。

下記にコード例を示します（コード3.3.1.8）。

> **コード3.3.1.8：エントリーポイント**

```
import 'package:flutter/material.dart';

void main() => runApp(MaterialApp(
  title: 'Navigation',
  initialRoute: '/',
  routes: {
    '/': (context) => FirstScreen(),
    '/second': (context) => SecondScreen(),
  },
));
```

3. 新しいルートへの遷移の実装

Navigator.pushNamedメソッドを使用することで、名前付きルートによる遷移を実装できます。
このメソッドの引数には、**routes**プロパティで定義したルートのキーを指定します。

> **コード3.3.1.9：名前付きルートで2番目の画面に遷移させる**

```
onPressed: () {
  Navigator.pushNamed(context, '/second');
}
```

4. 前のルートへの遷移の実装

前のルートへの遷移は、「新しい画面への遷移と前の画面への遷移」と同じく、**Navigator.pop**メソッドを使用します。次にコード例を示します（コード3.3.1.10）。

コード3.3.1.10：1番目のルートに戻す

```
onPressed: () {
  Navigator.pop(context);
}
```

新しいルートにデータを送る

画面遷移時に新しい画面にデータを渡した場合があります。サンプルとしてTODOリストでの実装方法を説明します。ここでは、一覧画面ルートから詳細画面のルートに遷移するとき、タップされたTODOのデータを詳細画面のルートに渡すことで、詳細画面でTODOの情報を表示します。

1. TODOリストの画面作成

最初にTODOリストの画面を作成します。今回はTODOを表すために**Todo**クラスを用意します。また、一覧ページの**TodoScreen**と詳細画面の**DetailScreen**を合わせて作成します。

コード3.3.1.11：TODOリストの全体像

```
// TODOを表すクラス
class Todo {
  final String title;
  final String description;

  Todo({ @required this.title, @required this.description })
    : assert(title != null),
      assert(description != null);
}

void main() => runApp(MaterialApp(
  title: 'Navigation',
  home: TodoScreen(
    // サンプルなのでList.generateを使用して機械的に作成していきます。
    todos: List<Todo>.generate(20, (i) => Todo(
      title: 'TODO $i',
      description: 'TODO $i の詳細',
    )),
  ),
));

class TodoScreen extends StatelessWidget {
  final List<Todo> _todos;

  TodoScreen({ Key key, @required List<Todo> todos })
    : assert(todos != null),
```

```
      this._todos = todos,
      super(key: key);

  @override
  Widget build(BuildContext context) => Scaffold(
    appBar: AppBar(
      title: Text('TODOリスト'),
    ),
    body: ListView.builder(
      itemCount: _todos.length,
      itemBuilder: (context, index) => ListTile(
        title: Text(_todos[index].title),
        onTap: () {
          // TODOの詳細画面に遷移する処理
        }
      ),
    ),
  );
}

class DetailScreen extends StatelessWidget {
  final Todo _todo;

  DetailScreen({ Key key, @required Todo todo })
    : assert(todo != null),
      this._todo = todo,
      super(key: key);

  @override
  Widget build(BuildContext context) => Scaffold(
    appBar: AppBar(
      title: Text(_todo.title),
    ),
    body: Padding(
      padding: EdgeInsets.all(16.0),
      child: Text(_todo.description),
    ),
  );
}
```

2. データを送りながら次の画面へ遷移する

上記コード例で画面は完成したので、続いて画面遷移の処理を追加します。

詳細画面を表示するために**Todo**クラスのインスタンスが必要なので、リスト内のタイルがタップされたときに、そのタイルに該当する**Todo**クラスのインスタンスを詳細画面に渡します。

画面遷移の処理には、**Navigator.push**メソッドを使用します。コード例を次に示します（コード3.3.1.12）。

コード3.3.1.12：詳細画面への遷移

```
onTap: () {
  Navigator.push(
    context,
    MaterialPageRoute(
      builder: (context) => DetailScreen(todo: _todos[index]),
    ),
  );
}
```

前の画面に戻るときにデータを受け取る

Flutterでは、元の画面に戻る際にデータを返すこともできます。ここでは、ユーザーに選択肢を表示し、元の画面に戻ったときにタップした選択肢に応じて通知（SnackBar）を表示する例を解説します。

1. ホーム画面を作成する

最初にホーム画面を作成します（コード3.3.1.13）。

コード3.3.1.13：ホーム画面の作成

```
void main() => runApp(MaterialApp(
  title: 'Navigation',
  home: HomeScreen(),
));

class HomeScreen extends StatelessWidget {
  @override
  Widget build(BuildContext context) => Scaffold(
    appBar: AppBar(
      title: Text('Demo'),
    ),
    body: Center(child: SelectionButton()),
  );
}
```

2. 選択肢を表示するためのボタンを作成する

選択肢を表示する画面に遷移するためのボタンを作成します。このボタンはロジックが少々複雑になるため、別のウィジェットとして定義します（コード3.3.1.14）。

Chapter 3 | ウィジェット

コード3.3.1.14：選択肢を表示するためのボタン

```
class SelectionButton extends StatelessWidget {
  @override
  Widget build(BuildContext context) => RaisedButton(
    onPressed: () {
      // ここの遷移処理は複雑になるため別のメソッドに分けています。
      _navigateAndDisplaySelection(context);
    },
    child: Text('オプションを選択'),
  );

  void _navigateAndDisplaySelection(BuildContext context) {
    Navigator.push(
      context,
      MaterialPageRoute(builder: (context) => SelectionScreen()),
    );
  }
}
```

3. 選択肢の画面を作成する

続いて、選択肢を表示する画面を作成します（コード3.3.1.15）。

コード3.3.1.15：選択肢を表示する画面

```
class SelectionScreen extends StatelessWidget {
  @override
  Widget build(BuildContext context) => Scaffold(
    appBar: AppBar(
      title: Text('選択してください'),
    ),
    body: Center(
      child: Column(
        mainAxisAlignment: MainAxisAlignment.center,
        children: <Widget>[
          Padding(
            padding: EdgeInsets.all(8.0),
            child: RaisedButton(
              onPressed: () {
                // 「選択肢1」というデータとともに元の画面に戻る処理
              },
              child: Text('選択肢1'),
            ),
          ),
          Padding(
            padding: EdgeInsets.all(8.0),
            child: RaisedButton(
              onPressed: () {
```

88

3-3　画面遷移とウィジェットの状態管理

```
              // 「選択肢2」というデータとともに元の画面に戻る処理
              },
              child: Text('選択肢2'),
            ),
          ),
        ],
      ),
    ),
  );
}
```

4. 元の画面に戻る処理の追加

元の画面に戻るときにデータを渡すには、**Navigator.pop**メソッドの第2引数にデータを渡します（コード3.3.1.16〜コード3.3.1.17）。

コード3.3.1.16：選択肢1

```
RaisedButton(
  onPressed: () {
    Navigator.pop(context, '選択肢1');
  },
  child: Text('選択肢1'),
);
```

コード3.3.1.17：選択肢2

```
RaisedButton(
  onPressed: () {
    Navigator.pop(context, '選択肢2');
  },
  child: Text('選択肢2'),
);
```

5. 遷移先画面から戻る際にデータを受け取る処理

選択肢画面を開くボタンの**_navigateAndDisplaySelection**で**Navigator.push**メソッドを呼び出していますが、遷移先の画面からのデータは、このメソッドの戻り値として戻ってきます。ただし、画面遷移してから元画面に戻るには時間が掛かるので、データは直接渡されるのではなく、**Future**として戻ってきます。実際のデータが戻るまで待機する必要があるので、**await**キーワードを使用して**Future**の解決を待機します[1]。

1　ウィジェット取り扱いの説明であるため、Future、async、awaitなどの非同期処理の説明は省略します。APPENDIXを参照してください。

89

コード3.3.1.18：遷移先の画面から戻ってきたときにデータを受け取る

```
Future<void> _navigateAndDisplaySelection(BuildContext context) async {
  final result = await Navigator.push(
    context,
    MaterialPageRoute(builder: (context) => SelectionScreen()),
  );
}
```

最後に、通知（**SnackBar**）を表示する処理を追加します。

コード3.3.1.19：SnackBarを表示する

```
Future<void> _navigateAndDisplaySelection(BuildContext context) async {
  final result = await Navigator.push(
    context,
    MaterialPageRoute(builder: (context) => SelectionScreen()),
  );

  Scaffold.of(context)
    ..removeCurrentSnackBar() // すでに表示されているスナックバーがある場合は削除します。
    ..showSnackBar(SnackBar(content: Text(result))); // 新しいスナックバーを表示。
}
```

ウィジェットアニメーションを伴う遷移

2つの画面を遷移する際に、同じウィジェットアニメーションを伴って遷移するUIもあります。Flutterでは**Hero**ウィジェットを使用することで、アニメーションを伴う遷移を実装できます（図3.3.1.20）。

図3.3.1.20：Heroウィジェットによるアニメーションを伴う遷移

1. 同じ画像を表示する画面を2つ作成する

最初に同じ画像（ウィジェット）を表示する画面を2つ作成します。これらの2画面には遷移したことが分かるように、以下の違いがあります。

・ appBarの有無
・ 画像の配置

コード3.3.1.21：ベースになるウィジェット

```
void main() => runApp(MaterialApp(
  title: 'Navigation',
  home: MainScreen(),
));

class MainScreen extends StatelessWidget {
  @override
  Widget build(BuildContext context) => Scaffold(
    appBar: AppBar(
      title: Text('Main Screen'),
    ),
    body: GestureDetector(
      onTap: () {
        Navigator.push(context, MaterialPageRoute(builder: (_) => DetailScreen()));
      },
      child: Image.network('https://picsum.photos/250?image=9'),
    ),
  );
}

class DetailScreen extends StatelessWidget {
  @override
  Widget build(BuildContext context) => Scaffold(
    body: GestureDetector(
      onTap: () {
        Navigator.pop(context);
      },
      child: Center(
        child: Image.network('https://picsum.photos/250?image=9'),
      ),
    ),
  );
}
```

2. 最初の画面にHeroウィジェットを埋め込む

画面間でアニメーションさせたいウィジェットを**Hero**ウィジェットでラップします。**Hero**ウィジェットは、下記の2つの引数、**tag**と**child**が必要です。

- **tag**：Heroを識別するオブジェクト。遷移前後の画面で同じにする必要があります。
- **child**：遷移時に画面をまたいでアニメーションさせるウィジェット。

コード3.3.1.22：遷移元の画面のHeroウィジェット

```
Hero(
  tag: 'imageHero',
  child: Image.network(
    'https://picsum.photos/250?image=9',
  ),
);
```

3. 遷移先の画面にHeroウィジェットを埋め込む

遷移先の画面で、遷移元の画面と対応するウィジェットを**Hero**ウィジェットでラップします。tagには遷移元の画面と同じものを指定します。

コード3.3.1.23：遷移先画面のHeroウィジェット

```
Hero(
  tag: 'imageHero',
  child: Image.network('https://picsum.photos/250?image=9'),
)
```

3-3-2 ユーザー操作に伴うウィジェットの状態管理

「3-1 ウィジェットの基本」で、ユーザー操作にに伴って変化が起こる画面の構築には**StatefulWidget**を使用することを説明しました。**StatefulWidget**を用いる必要があるのは、ユーザー操作に伴って変更された状態を保持する必要があるためです。

ウィジェットの状態をどこで管理するかはさまざまな方法があります。一般的なパターンとして、次に挙げるものがあります。

- ウィジェット自身で状態を管理するパターン
- 親ウィジェットで状態を管理するパターン
- ウィジェット自身と親の両方で状態を管理するパターン

どこで管理するのが適切であるかはケースバイケースですが、以下の原則が参考になります。

- 状態がユーザーデータ（チェックボックスのチェック/未チェックなど）→ 親ウィジェット
- 見栄えに関連する状態（アニメーションの進捗など）→ ウィジェット自身

ウィジェット自身か親ウィジェットでの管理か迷ってしまう場合は、まずは親ウィジェットで管理する方式で実装を進めるのが良いでしょう。

本項では、下図に示す通り、画面をタップするとアクティブ／非アクティブが切り替わるウィジェットを用いて、それぞれの実装方法の詳細を解説します（図3.3.2.1〜図3.3.2.2）。

図3.3.2.1：アクティブなとき

図3.3.2.2：非アクティブなとき

Chapter 3 | ウィジェット

ウィジェット自身で状態を管理するパターン

まずは、ウィジェット自身が状態を管理するパターンです。例えば、**ListView**ではコンテンツのサイズが表示領域を超えるとスクロールが可能になりますが、この状態はウィジェット内で管理され外部からは隠蔽されています。この通り、他のウィジェットから操作する必要がない、内部的な状態はウィジェット自身での管理が適切です。

下記コード例に示すのは、ウィジェット自身で状態を管理するパターンです（コード3.3.2.3）。**StatefulWidget**と**State**を用いて`_active`として状態を管理しています。

コード3.3.2.3：ウィジェット自身で状態を管理するパターン

```
void main() => runApp(MaterialApp(
  title: 'Navigation',
  home: Scaffold(
    appBar: AppBar(
      title: Text('TapBox'),
    ),
    body: Center(
      child: TapBoxA(),
    ),
  ),
));

class TapBoxA extends StatefulWidget {
  @override
  _TapBoxAState createState() => _TapBoxAState();
}

class _TapBoxAState extends State<TapBoxA> {
  bool _active = false;

  @override
  Widget build(BuildContext context) => GestureDetector(
    onTap: _handleTap,
    child: Container(
      child: Center(
        child: Text(
          _active ? 'Active' : 'Inactive',
          style: TextStyle(fontSize: 32.0, color: Colors.white),
        ),
      ),
      width: 200.0,
      height: 200.0,
      decoration: BoxDecoration(
        color: _active ? Colors.lightGreen[700] : Colors.grey[600],
      ),
```

```
    ),
  );

  void _handleTap() {              •
    setState(() {
      _active = !_active;
    });
  }
}
```

親ウィジェットで状態を管理するパターン

多くの場合は、親ウィジェットで状態を管理して、変更が必要になった時点で子ウィジェットを作り直す方法が適しています。例えば、**IconButton**ウィジェット（**StatelessWidget**）を使用し、特定の状態になったタイミングでアイコンを変更したい場合、その状態は親ウィジェットで管理することになります。そして、条件を満たした際に新しいアイコンを引数に**IconButton**を作成することになります。

下記コード例に、このパターンの実装例を示します（コード3.3.2.4）。表示されるウィジェットとして**TapBoxB**、これをラップする親ウィジェットとして**ParentWidget**を定義しています。**TapBoxB**は**StatelessWidget**なので状態は持ちません。引数として現在の状態（**active**）を受け取ります。そして**onChanged**を呼び出すことで状態の変更を親ウィジェットに伝えます。これらのインターフェースを通して、親ウィジェットである**ParentWidget**が状態を管理しています。

┃ コード3.3.2.4：親ウィジェットで状態を管理するパターン

```
class ParentWidget extends StatefulWidget {
  @override
  _ParentWidgetState createState() => _ParentWidgetState();
}

class _ParentWidgetState extends State<ParentWidget> {
  bool _active = false;

  @override
  Widget build(BuildContext context) => Container(
    child: TapBoxB(
      active: _active,
      onChanged: _handleTapBoxChanged,
    ),
  );

  void _handleTapBoxChanged(bool newValue) {
    setState(() {
      _active = newValue;
    });
```

```
    }
  }

class TapBoxB extends StatelessWidget {
  TapBoxB({ Key key, this.active: false, @required this.onChanged })
    : assert(active != false),
      assert(onChanged != null),
      super(key: key);

  final bool active;
  final ValueChanged<bool> onChanged;

  @override
  Widget build(BuildContext context) => GestureDetector(
    onTap: _handleTap,
    child: Container(
      child: Center(
        child: Text(
          active ? 'Active' : 'Inactive',
          style: TextStyle(fontSize: 32.0, color: Colors.white),
        ),
      ),
      width: 200.0,
      height: 200.0,
      decoration: BoxDecoration(
        color: active ? Colors.lightGreen[700] : Colors.grey[600],
      ),
    ),
  );

  void _handleTap() {
    onChanged(!active);
  }
}
```

ウィジェット自身と親の両方で状態を管理するパターン

ウィジェット自身と親ウィジェットの両方で状態を管理するパターンを紹介します。前述のパターンとは異なり、要素をタップしている間、枠線にハイライトが表示される機能を追加しています（指を離すとハイライトは消えます）。

このウィジェットには、2つの状態、ハイライトの状態とアクティブであるか否かの状態があります。ハイライトの状態は表示のみに関わるものであり、ユーザーが意識するものではないため、内部で状態を管理するのが適切です。一方、アクティブであるか否かは、ユーザーが意識的に操作している状態であるため、ユーザーデータといえます。したがって、アクティブか否かの状態は、親ウィジェットが管理するのが適切といえます。

下記コード例に、このウィジェットの具体的な実装例を示します（コード3.3.2.5）。

コード3.3.2.5：ウィジェット自身と親ウィジェットの両方で状態を管理するパターン

```
void main() => runApp(MaterialApp(
  title: 'Navigation',
  home: Scaffold(
    appBar: AppBar(
      title: Text('TapBox'),
    ),
    body: Center(
      child: ParentWidget(),
    ),
  ),
));

class _TapBoxCState extends State<TapBoxC> {
  bool _highlight = false;

  @override
  Widget build(BuildContext context) => GestureDetector(
    onTapDown: _handleTapDown,
    onTapUp: _handleTapUp,
    onTapCancel: _handleTapCancel,
    onTap: _handleTap,
    child: Container(
      child: Center(
        // 変数 widget で TapBoxC を参照できます
        child: Text(widget.active ? 'Active' : 'Inactive', style: TextStyle(
          fontSize: 32.0,
          color: Colors.white,
        )),
      ),
      width: 200.0,
      height: 200.0,
      decoration: BoxDecoration(
        color: widget.active ? Colors.lightGreen[700] : Colors.grey[600],
        border: _highlight ? Border.all(
          color: Colors.teal[700],
          width: 10.0,
        ) : null,
      ),
    ),
  );

  void _handleTapDown(TapDownDetails details) {
    setState(() {
      _highlight = true;
    });
  }

  void _handleTapUp(TapUpDetails details) {
    setState(() {
```

```
      _highlight = false;
    });
  }

  void _handleTapCancel() {
    setState(() {
      _highlight = false;
    });
  }

  void _handleTap() {
    widget.onChanged(!widget.active);
  }
}
```

より複雑なパターン

ここまででは、ウィジェット内で完結する内部的な状態や、親ウィジェットとやり取りする必要のある状態の取り扱いを説明しました。しかし、実際のアプリケーション開発ではアプリケーション全体で共有する状態や、複数のウィジェットにまたがって取り扱われる状態などが存在し、本項で紹介した取り扱い方では、状態を満足に管理しきれない状況になっています。そうした場合の適切なアプローチに関しては、後述の「Chapter 4 状態管理」で詳しく解説します。

3-4

アセット管理とアニメーション

スマホ向けのアプリケーションはユーザーが直接触れるので、UIの見栄えも重要な機能の1つとなります。分かりやすい画像やアイコンを使用したり、画面遷移やユーザー操作に応じてアニメーションを付与したりすることで、よりリッチな体験を提供できます。

また、これらの要素は単なる見栄えだけではなく、上手く利用することでユーザーの体験をより良いものにすることもできます。本節では、リッチなUIの実現を支える基礎的な知識を説明します。

3-4-1 アセットの管理

Flutterアプリケーションにはコードに加えて、アセット(リソースとも呼ばれます)も含めることができます。アセットはアプリケーションにバンドルされ実行時にアクセスすることが可能です。一般的なアセットファイルには、静的データ(JSONファイルなど)、manifestファイル、アイコン、画像(JPEG、WebP、GIF、PNGなど)があります。

assetの指定

Flutterでアプリに必要なアセットは、下記コード例に示す通り、プロジェクトのルートディレクトリのpubspec.yamlで指定します(コード3.4.1.1)。

コード3.4.1.1:pubspec.yamlの例

```
flutter:
  assets:
    - assets/my_icon.png
    - assets/background.png
```

特定ディレクトにあるアセットをすべて読み込むには、次のコード例に示す通り、ディレクトリ名の末尾に/(バックスラッシュ)を付与して指定します。

コード3.4.1.2：特定ディレクトリ以下のアセットをすべて読み込む場合

```
flutter:
  assets:
    - assets/
```

ただし、この指定方法では、指定ディレクトリ直下のアセットのみが対象となります（サブディレクトリの中は読み込まれません）。サブディレクトリのアセットも追加する必要がある場合は、それぞれのサブディレクトリを**assets**セクション以下に列挙する必要があります。

Asset bundle

実装的には、指定されたアセットはビルド時に**Asset bundle**と呼ばれる特別な領域に配置します。このとき、**pubspec.yaml**での記載順やアセットの配置ディレクトリが影響を及ぼすことはありません。これらのアセットは、コード上からは**pubspec.yaml**に指定したパス（以下「論理キー」）で参照することが可能です（このパスは**pubspec.yaml**からの相対パスです）。

Asset variant

Flutterのビルドプロセスは、**Asset variant**と呼ばれる機能をサポートしています。**Asset variant**とは、1つのアセットに複数のバージョンを持たせることが可能な仕組みです。

ビルドプロセスは、**assets**セクションに指定されているパスアセットに対して、同じ階層にあるサブディレクトリ内に、同名のファイルがないか探索します。この条件にマッチするアセットは、元のアセットの別バージョンとしてAsset bundleに追加されます。
下記のディレクトリ構成となっている場合を例にして説明しましょう（コード3.4.1.3）。

コード3.4.1.3：ディレクトリ構成

```
./pubspec.yaml
./assets/sample_icon.png
./assets/background.png
./assets/dark/background.png
```

まず、アセット**assets/background.png**を直接指定した場合です（コード3.4.1.4）。

コード3.4.1.4：ファイルを直接指定する場合

```
flutter:
  assets:
    - assets/background.png
```

このコード例の指定では、**assets/background.png**と**assets/dark/background.png**がAsset bundleに追加されます。前者がメインアセット、後者は別バージョン（variant、変種）として扱われます。

次に、ディレクトリを指定した場合です。

コード3.4.1.5：ディレクトリ単位で指定する場合

```
flutter:
  assets:
    - assets/
```

上記コード例に示す指定では、**assets/sample_icon.png**、**assets/background.png**、**assets/dark/background.png**の3アセットがAsset bundleに追加されます。この場合もアセットを直接指定する場合と同様に、**assets/dark/background.png**は**assets/background.png**の別バージョンとして取り扱われます。

現在、**Asset variant**は解像度ごとに画像を切り替える機能をサポートしています（本項内の「解像度に応じたアセットの宣言」参照）。公式では、将来的にはロケールや地域の切り替えなどに対応するように拡張する可能性が言及されています。

アセットの読み込み

アプリ内からアセットファイルにアクセスする際は、**AssetBundle**クラスのインスタンスを経由します。このオブジェクトでは、文字列を読み込むための**loadString**メソッドと、画像やバイナリを読み込むための**load**メソッドが提供されています。引数にアセットの論理キーを指定することで、指定されたアセットのデータを読み込むことが可能です。

テキストの読み込み

Flutterアプリケーションでは、アセットファイルにアクセスするためのオブジェクトとして静的グローバル変数rootBundleが定義されています（**AssetBundle**のインスタンスです）。このオブジェクトは**package:flutter/services.dart**に定義されています。
このオブジェクトから、下記コード例に示す通り、アセットの内容を文字列として読み込むことが可能です（コード3.4.1.6）。

コード3.4.1.6：テキストアセットの読み込み

```
import 'dart:async' show Future;
import 'package:flutter/services.dart' show rootBundle;
```

```
Future<void> xxxxx() async {
  // アセットの読み込み結果は Future<String> で返ってくるので await で待ち合わせる必要があります。
  final text = await rootBundle.loadString('assets/config.json');

  // Some logics...
}
```

ただし、ウィジェット内でアセットを読み込む場合は、**DefaultAssetBundle**を経由して読み込むことが推奨されています。このクラスでは、**BuildContext**を考慮してアセットを読み込むことができるため、多言語化やテストなどにおけるアセットの切り替えが容易になります。**BuildContext**はアプリ全体で共有される状態を管理するオブジェクトで、**build**などのメソッドが呼ばれる際に引数として渡されます。このオブジェクトはさまざまな情報を管理していますが、代表的なものには以下の情報があります。

- 画面の解像度や言語設定などの端末固有の情報
- アプリ全体で管理すべき状態(「3-2 レイアウトの構築」で使用した**SnackBar**の表示状態など)

DefaultAssetBundle.ofメソッドに現在の**BuildContext**を渡すことで、現在のcontextの情報を持つ**DefaultAssetBundle**のインスタンスを作成できます。このインスタンス経由でアセットを読み込むことで、contextの状態を考慮したアセットの切り替えが可能です。

┃ コード3.4.1.7：DefaultAssetBundle経由での読み込み

```
@override
Widget build(BuildContext context) => Center(
  child: Container(
    // Futureの結果をウィジェットにマッピングする際は、`FutureBuilder`を使用します。
    child: FutureBuilder(
      future: DefaultAssetBundle.of(context).loadString('assets/top_text.txt'),
      builder: (context, snapshot) => Text(snapshot.data),
    ),
  ),
);
```

画像の読み込み(解像度に応じたアセットの宣言)

Flutterでは、デバイスのピクセル比に応じて、適切な解像度の画像を読み込むことが可能です。**AssetImage**ウィジェットを用いてデバイスのピクセル比に応じた解像度の画像を読み込むことができます。この機能を利用するためには、画像ファイルを適切な構造で配置する必要があります。次にそのディレクトリ構成を示します(コード3.4.1.8)。

コード3.4.1.8：ディレクトリ構成

```
./assets/image.png
./assets/2.0x/image.png
./assets/3.0x/image.png
```

上記ディレクトリ構成での各バージョンを格納するサブディレクトリは、標準の解像度に対する比率です。メインのアセットは解像度1.0に対応するものとして取り扱われます。

この通り、指定されている場合では、例えば、ピクセル比1.8のデバイスでは**assets/2.0x/image.png**、3.8であれば**assets/3.0x/image.png**が選択されるなど、適切な解像度の画像が選択されます。

Imageウィジェットを使用して画像を表示するとき、高さや幅を指定しなかった場合は、標準解像度（1.0）の場合に、メインのアセットが画面を占めるサイズと同一になるように拡大・縮小されます。

例えば、**assets/image.png**のサイズが72px x 72pxででる場合、**assets/3.0x/image.png**は216px x 216pxのサイズになります。実際表示される際のサイズ（論理ピクセル数）はいずれも72pxです。

pubspec.yamlの**assets**セクションに指定するファイルは、基本的には実際のファイルと対応している必要があります。ただし、解像度に応じてアセットを読み込む場合、メインのアセットに対応するファイル（今回の例では**assets/image.png**）は存在しないケースも許容されています。この場合、各バージョンのファイル内で最も解像度が低いものがフォールバックとして使用されます。ただし、あくまで許容されているに過ぎず、推奨はされていません。

画像の読み込み（ウィジェットによる読み込み）

ウィジェットで画像を読み込むには、先ほど紹介した**AssetImage**ウィジェットを使用します。

コード3.4.1.9：AssetImageウィジェットによる画像読み込み

```
@override
Widget build(BuildContext context) => DecorateBox(
  decoration: BoxDecoration(
    image: DecorationImage(
      image: AssetImage('assets/image.png'),
    ),
  ),
);
```

また、**AssetImage**を使用する際に名前付き引数**package**を使用することで、パッケージの依存関係に含まれているアセット画像を読み込むことが可能です。コード例を次に示します（コード3.4.1.10）。なお、パッケージの詳細に関しては、「Chapter 5 ライブラリの実装」を参照してください。

> **コード3.4.1.10：パッケージを指定して画像を読み込む**

```
AssetImage('icons/sample.png', package: 'sample_package')
```

プラットフォームとアセットを共有する（Android）

Flutterのアセットは、Androidでは**AssetManager**、iOSでは**NSBundle**を使用して各プラットフォームのネイティブコードからも使用できます。

Androidでは、AssetManager APIを通してFlutterのアセットを利用できます。**PluginRegistry.Registrar**のインスタンスの**lookupKeyForAsset**を使用することで、**AssetManager**の**openFd**メソッドに渡すキーの値を取得できます。

> **コード3.4.1.11：AndroidでFlutterのアセットを読み込む**

```
// registrar は PluginRegistry.Registrar のインスタンスです。
val assetManager = registrar.context().getAssets()
val key = registrar.lookupForAsset("icons/sample.png")
val fd = assetManager.openFd(key)
```

プラットフォームとアセットを共有する（iOS）

iOSでは、**mainBundle**経由でアセットにアクセスします。**FlutterPluginRegistrar**のインスタンス**lookupKeyForAsset**を使用することで、**mainBundle**の**pathFormResource**メソッドに渡すキーの値を取得できます。

> **コード3.4.1.12：iOSでFlutterのアセットを読み込む**

```
let key = registrar.lookupKeyForAsset("icons/sample.png")
let path = NSBundle.mainBundle().pathForResource(key, ofType: nil)
```

プラットフォームのアセット

プラットフォームで管理しているアセットを直接操作する必要がある場合もあります。典型的な例は、Flutterのフレームワークがロードされる前にアセットを使用するケースです。

アプリアイコン（Android／iOS）

Android用のアプリアイコンは、プロジェクトのルートディレクトリ内の**android/app/src/main/res**に配置されています。プロジェクトを作成した時点で、**mipmap-{x}dpi**といった画像がデフォルトで設置されているので、これらの画像ファイルを差し替えるとアプリアイコンを変更できます。

iOS用のアプリアイコンは、プロジェクトのルートディレクトリ内の**ios/Runner/Assets.xcassets/AppIcon.appiconset**に配置されています。Android用のアイコン画像と同様、プロジェクト作成時にデフォルト画像が設置されているので、これらの画像を差し替えてアプリアイコンを変更します。

起動画面（splash screen）

Flutterアプリケーションの起動画面も、Flutterフレームワークではなくプラットフォームのネイティブ機能で描画されています。Flutterフレームワークのロード中に表示されるので、まだFlutterフレームワークを使用できないためです。

Android版の起動画面を描画するファイルは、**android/app/src/main/res/drawable/launch_background.xml**です。このファイルやファイルから参照されているアセットを変更することで、起動画面をカスタマイズできます。

iOS版の起動画面で使われる画像は、**ios/Runner/Assets.xcassets/LaunchImage.imageset**に配置されています。レイアウトはそのままで画像のみの変更であれば、このディレクトリにある画像ファイルをそれぞれ新しい画像に差し替えることで対応が可能です。もし、レイアウトも変更するのであれば、**ios/Runner.xcworkspace**をXcodeで開き、InterfaceBuilderを用いて**Assets.xcassets**および**LaunchScreen.storyboard**を編集することも可能です。

3-4-2 アニメーションの基本

アニメーションは画面レイアウトに必須の要件ではありません。しかしながら、ボタンをタップしたときの要素の反応、メニューを押したときの画面が開く動き、画面遷移時のアニメーションなどがあると、より直感的なUIに感じられ、UXの向上に繋がります。
Materialウィジェットには標準で適切なアニメーションが設定されていますが、Flutterではそれ以外のウィジェットでも比較的簡単にアニメーションを実装できます。一口にアニメーションといっても、単純なルールで動くシンプルなものから、物理演算を用いた高度なものまで多岐に渡ります。

Chapter 3 | ウィジェット

本項では、Flutterでのアニメーション入門として、アニメーションに必要な基本的な概念とクラスの実装を説明します。

Animation

Animationはアニメーションに必要なデータの現在値と、状態（完了／キャンセルなど）を保持するクラスです。Animationクラスは実際に表示する内容の情報は持たず、アニメーションに必要なデータの保持を責務としています。

Animationクラスが持っている値は**value**プロパティで参照できます。
Animationクラスの持つ**value**は、特定のルールにしたがって変化します。この「特定のルール」には、直線や曲線などの種類があり、開発者がカスタマイズしたものも使用できます。

AnimationController

AnimationControllerはAnimation<double>を継承するクラスで、アニメーションの進捗に応じて**value**を生成します。標準で**AnimationController**の**value**は、0.0～1.0までの間を指定された**duration**の値（秒数）をかけて、線形的に（一定速度で）変化します。

AnimationControllerはAnimation<double>を継承しているので、**Animation**オブジェクトが必要であればどこでも使用できます。しかし、**AnimationController**はさらにアニメーションをコントロールする機能を提供しています。一例を挙げると、**forward**メソッドでアニメーションを開始できます。**value**の更新は画面更新に依存しており、通常は1秒間に60回**value**が更新されます。**value**の更新後、**addListener**メソッドを使って登録されたリスナーが呼び出されます。

コード3.4.2.1：AnimationController

```
// AnimationControllerを作成。この段階ではvalueの値は変化しない
final controller = AnimationController(duration: Duration(seconds: 2), vsync: this);
// 0.0 -> 1.0 方向に値の変化を開始
controller.forward();
// 1.0 -> 0.0 方向に値の変化を開始
controller.reverse();
```

AnimationControllerを作成する際には、引数**vsync**が必要です。この値は、画面に表示されていないウィジェットのアニメーションにリソースが消費されることを防ぐために使用されます。この値には、**SingleTickerProviderStateMixin**を継承しているしているオブジェクトを指定できます（このオブジェクトは一般的には**StatefulWidget**になります）。

106

CurvedAnimation

CurvedAnimationは、非線形な動き（一定速度ではない動き）のアニメーションを表現するクラスです。

コード3.4.2.2：CurvedAnimation

```
final animation = CurvedAnimation(parent: controller, curve: Curves.easeIn);
```

第1引数の**parent**には先ほど例示した**controller**を渡します。第2引数**curve**に渡している引数は、アニメーションの動きの種類を表すオブジェクトです。コード例では、**ease-out**を指定しています。

第1引数**parent**の型は**Animation<double>**となっています。
controllerのクラスである**AnimationController**は、前述の通り、**Animation<double>**を継承しています。**CurvedAnimation**クラスも**Animation<double>**を継承しているので、実はparentの値に別の**CurvedAnimation**を渡すことも可能です。

Tween

AnimationControllerは標準では0.0〜1.0の範囲の値を提供します。これとは異なる範囲の数値や、数値以外のデータ型の値が必要な場合は**Tween**を使用します。

コード3.4.2.3：Tween

```
final tween = Tween<double>(begin: -200, end: 0);
```

以下は数値ではなく色の変化にマッピングさせる**ColorTween**の使用例です。

コード3.4.2.4：ColorTween

```
final tween = ColorTween(begin: Colors.transparent, end: Colors.black54);
```

Tweenは**begin**と**end**の2つの引数を持つステートレスなオブジェクトです。このオブジェクトは**evaluate(Animation<double> animate)**メソッドを持ち、渡された**Animation**のオブジェクト**value**を適切な値に変更して返します。
なお、このメソッドの入力範囲は通常0.0〜1.0ですが、この範囲外の数値でも動作はします。

Tween.animate

Tweenを使用するにはAnimationオブジェクトを引数にしてanimateメソッドを呼ぶ必要があります。下記のコード例では、500msの間に0〜255まで値を変化させるAnimationを返します。

コード3.4.2.5：Tween.animate

```
final controller = AnimationController(duration: Durartion(milliseconds: 500), vsync:
this);
final animation = IntTween(begin: 0, end: 255).animate(controller);
```

次のコード例は、一定の速度ではなく曲線を描く速度（curve）で値を変化させるAnimationを返します。

コード3.4.2.6：CurvedAnimationとの組み合わせ

```
final controller = AnimationController(duration: Duration(milliseconds: 500), vsync:
this);
final curvedAnimation = CurvedAnimation(parent: controller, curve: Curves.easeOut);
final animation = IntTween(begin: 0, end: 255).animate(curve);
```

アニメーションの状態の通知

Animationオブジェクトは、ListenerとStatusListenerの2種類のリスナーを持てます。それぞれ、addListener()、addStatusListenerを用いてリスナーを追加できます。Listenerはvalueの値が変化したときに呼び出され、ウィジェットのsetStateを呼び出し再描画を実行させるために使用されるのが一般的です（ウィジェットはsetStateが呼ばれたときに再描画を実行します）。

StatusListenerはアニメーションの進捗状態が変化したときに呼び出されます。アニメーションの状態は、dismissed（初期状態）、forward（通常方向に変化中）、reverse（逆方向に変化中）、completed（終了状態）の4つが定義されています。

3-4-3 アニメーションの描画

前項「3-4-2 アニメーションの基本」では、Flutterでアニメーションを実現するための基本を説明しましたが、アニメーションの実現に必要なデータの管理に終始し、実際のアニメーション描画には触れていません。本項では、前項で紹介したAnimationオブジェクトを使用して画面を描画する方法を説明します。

アニメーションを描画する

本項では、Flutterロゴをアニメーションさせるアプリケーションをサンプルとして作成します。Animationオブジェクトのデータを元にアニメーションを描画するには、ウィジェットのメンバーとしてAnimationオブジェクトを保存する必要があります。したがって、ウィジェットは必然的にStatefulWidgetになります。

アニメーション描画はなしで、Flutterのロゴを表示するアプリを準備します（コード3.4.3.1）。

コード3.4.3.1：Flutterロゴを表示するアプリケーション

```
import 'package:flutter/material.dart';

void main() => runApp(MyApp());

class MyApp extends StatelessWidget {
  @override
  Widget build(BuildContext context) => MaterialApp(
    home: LogoApp(),
  );
}

class LogoApp extends StatefulWidget {
  @override
  _LogoAppState createState() => _LogoAppState();
}

class _LogoAppState extends State<LogoApp> {
  @override
  Widget build(BuildContext context) => Scaffold(
    body: Center(
      child: Container(
        margin: EdgeInsets.symmetric(vertical: 10),
        height: 300,
        width: 300,
        child: FlutterLogo(),
      ),
    ),
  );
}
```

続いて、上記のコード例に、何もない状態から徐々にロゴが大きくなるアニメーションを追加しましょう。次にコード例を示します（コード3.4.3.2）。

Chapter 3 │ ウィジェット

コード3.4.3.2：徐々にロゴが大きくなるアニメーションを追加

```
import 'package:flutter/animation.dart'; // ファイルの一番上に追加します。

class _LogoAppState extends State<LogoApp> with SingleTickerProviderStateMixin {
  // 追加
  AnimationController controller;
  // 追加
  Animation<double> animation;

  // 追加
  @override
  void initState() {
    super.initState();
    controller = AnimationController(duration: Duration(seconds: 2), vsync: this)
      ..addListener(() {
        // animationの値が変更されたことをウィジェットに通知するために、
        // ここでsetStateを呼び出す必要があります。
        setState(() {});
      });;
    animation = Tween<double>(begin: 0, end: 300).animate(controller);
  }

  // 追加
  @override
  void dispose() {
    controller.dispose();
    super.dispose();
  }

  @override
  Widget build(BuildContext context) => Scaffold(
    body: Center(
      child: Container(
        margin: EdgeInsets.symmetric(vertical: 10),
        height: animation.value, // 変更
        width: animation.value, // 変更
        child: FlutterLogo(),
      ),
    ),
  );
}
```

AnimatedWidgetの使用

本項で作成するサンプルの規模では、前述の実装で問題はありませんが、より複雑なアプリケーションを考慮すると、この実装ではいくつかの問題があります。最初の問題は、アニメーションを管理するコードと描画部分コードとが同じウィジェットに実装されていることです。

これらのコードの分離に関して、Flutterでは便利なウィジェット**AnimatedWidget**が用意されていま

110

す。**AnimatedWidget**には、**Animation**オブジェクトの状態変化を監視して、ウィジェットの再描画を自動的に実行する機能も用意されているため、明示的に**setState**を呼び出すコードは不要になり、より簡潔に実装できます。**AnimatedWidget**を使って前述のコード例（コード3.4.3.2）を書き換えてみましょう。下記にコード例を示します（コード3.4.3.3）。

コード3.4.3.3：AnimatedWidgetを使用した実装

```
class _LogoAppState extends State<LogoApp> with SingleTickerProviderStateMixin {
  AnimationController controller;
  Animation<double> animation;

  @override
  void initState() {
    super.initState();
    controller = AnimationController(duration: Duration(seconds: 2), vsync: this);
    animation = Tween<double>(begin: 0, end: 300).animate(controller);
    // 再描画は`AnimatedLogo`ウィジェットの関心ごとなので
    // ここでaddListenerしてsetStateを呼び出す必要は無くなります。
    //   ..addListener(() {
    //     setState(() {});
    //   });
    controller.forward();
  }

  @override
  void dispose() {
    controller.dispose();
    super.dispose();
  }

  // 変更
  @override
  Widget build(BuildContext context) => AnimatedLogo(animation: animation);
}

// 追加
class AnimatedLogo extends AnimatedWidget {
  AnimatedLogo({ Key key, Animation<double> animation })
    : super(key: key, listenable: animation);

  @override
  Widget build(BuildContext context) {
    final Animation<double> animation = listenable;
    return Scaffold(
      body: Center(
        child: Container(
          margin: EdgeInsets.symmetric(vertical: 10),
          height: animation.value,
          width: animation.value,
          child: FlutterLogo(),
```

```
      ),
    ),
  );
  }
}
```

AnimationBuilderの使用

AnimatedWidgetを使用することで綺麗なコードになりましたが、複雑なアニメーションの管理を考慮するとまだまだ改善の余地があります。アニメーションを描画する部分とロゴを描画する部分がウィジェットに実装されていることです。以下に示す通り、責任を異なるクラスに分離することで、より変更に強い構成にできます。

- Animationオブジェクトを定義するクラス
- アニメーションを描画するクラス
- ロゴを描画するクラス

アニメーション描画とロゴ描画の分離を助けるツールとして、FlutterにはAnimationBuilderが用意されています。AnimationBuilderもAnimatedWidgetと同様、Animationオブジェクトの変更を監視して自動的に再描画の処理を実行します。下記にコード例を示します（コード3.4.3.4）。

コード3.4.3.4：AnimationBuilderを使用した実装

```
class _LogoAppState extends State<LogoApp> with SingleTickerProviderStateMixin {
  // (省略)

  // 変更
  @override
  Widget build(BuildContext context) => GrowTransition(
    animation: animation,
    child: LogoWidget(),
  );

  // (省略)
}

// 追加
class GrowTransition extends StatelessWidget {
  GrowTransition({ Key key, this.child, this.animation })
    : assert(child != null),
      assert(animation != null),
      super(key: key);

  final Widget child;
  final Animation<double> animation;
```

```
  @override
  Widget build(BuildContext context) => Scaffold(
    body: Center(
      child: AnimatedBuilder(
        animation: animation,
        child: child,
        builder: (context, child) => Container(
          height: animation.value,
          width: animation.value,
          child: child,
        ),
      ),
    ),
  );
}

// 追加
class LogoWidget extends StatelessWidget {
  @override
  Widget build(BuildContext context) => Container(
    margin: EdgeInsets.symmetric(vertical: 10),
    child: FlutterLogo(),
  );
}
```

進捗状態の監視

「3-4-2 アニメーションの基礎」で前述した通り、**Animation**オブジェクトでは、**addStatusListener**を用いてアニメーションの進捗状態を監視できます。ここでは、「アニメーションが終わったとき」(completed)と「アニメーションが最初に戻ったとき」(dismissed)に、逆方向に動かして、アニメーションが無限ループとして再生されるようにします(コード3.4.3.5)。

コード3.4.3.5：無限ループするアニメーション

```
class _LogoAppState extends State<LogoApp> with SingleTickerProviderStateMixin {
  // (省略)

  @override
  void initState() {
    super.initState();
    controller = AnimationController(duration: Duration(seconds: 2), vsync: this);
    animation = Tween<double>(begin: 0, end: 300).animate(controller)
      ..addStatusListener(_onAnimationStatusChanged); // 追加
    controller.forward();
  }

  // (省略)
```

```
    // 追加
    void _onAnimationStatusChanged(AnimationStatus status) {
      switch (status) {
        case AnimationStatus.completed:
          // アニメーションが最後まで進んだら、逆方向にアニメーションさせる。
          controller.reverse();
          break;
        case AnimationStatus.dismissed:
          // アニメーションが最初まで戻ったら、正方向にアニメーションさせる。
          controller.forward();
          break;
        default:
          // Nothing default.
      }
    }
}
```

複数のアニメーションを同じタイミングで制御する

アニメーションでは、複数のアニメーションを同期的に変化させたいケースに遭遇します。本項で紹介したサンプルを例にすると、ロゴのサイズ変更と同時にロゴの透明度を変更することなどが考えられます。サイズと透明度は同じタイミングで変化していく必要がありますが、その具体的な値は同じではありません。サイズは0～300で変化しますが、透明度は0.0～1.0である必要があります。

こうしたケースでは、ウィジェットでTweenを独自に管理して、明示的に**evaluate**メソッドを呼び出すことで、必要な挙動を実現できます。下記に示すコード例では、GrowTransitionに独自のTweenを定義して、**build**メソッド内で**evaluate**メソッドを呼び出して必要な値を取得しています（コード3.4.3.6）。

コード3.4.3.6：複数のアニメーションを同じタイミングで制御する

```
class _LogoAppState extends State<LogoApp> with SingleTickerProviderStateMixin {
  AnimationController controller;
  // Animation<double> animation; は削除

  @override
  void initState() {
    super.initState();
    controller = AnimationController(duration: Duration(seconds: 2), vsync: this)
      ..addStatusListener(_onAnimationStatusChanged);
    // TweenはGrowTransitionの方で管理するのでここからは削除します。
    controller.forward();
  }

  // (省略)
}
```

```
class GrowTransition extends StatelessWidget {
  // 透過度用のTween
  static final _opacityTween = Tween<double>(begin: 0.1, end: 1);
  // サイズ用のTween
  static final _sizeTween = Tween<double>(begin: 0, end: 300);

  GrowTransition({ Key key, this.child, this.animation })
    : assert(child != null),
      assert(animation != null),
      super(key: key);

  final Widget child;
  final Animation<double> animation;

  @override
  Widget build(BuildContext context) => Scaffold(
    body: Center(
      child: AnimatedBuilder(
        animation: animation,
        child: child,
        // 変更
        builder: (context, child) => Opacity(
          opacity: _opacityTween.evaluate(animation),
          child: Container(
            height: _sizeTween.evaluate(animation),
            width: _sizeTween.evaluate(animation),
            child: child,
          ),
        ),
      ),
    ),
  );
}
```

より高度なアニメーション

Flutterでのアニメーション実装の基礎を解説しましたが、Flutterには本項で紹介したもの以外にも、多数のアニメーション機能が用意されています。

例えば、より特殊な**Tween**や、マテリアルデザイン特有のアニメーション、「3-1 画面遷移」で紹介した**Hero**のさらなるカスタマイズや物理シミュレーションによるアニメーションなどもあります。

これ以上の内容は入門の範疇を超えるため本書では省きますが、興味を持たれたら、公式ドキュメント[1]を参照してみましょう。

1　https://flutter.dev/docs/development/ui/animations

Chapter 3 | ウィジェット

3-5

ウィジェットの応用

「3-1 ウィジェットの基本」でウィジェットの基本形を説明しましたが、その知識だけで実装していくとパフォーマンスの課題に直面します。本節では、パフォーマンスの課題を解決するために必要となる**InheritedWidget**を説明して、実践でInheritedWidgetを活用できることを目指します。

3-5-1 パフォーマンスの課題

ウィジェットのツリー構造によるパフォーマンス低下は、実はFlutter独自のものではなく、データ構造が持つ一般的な問題です。ツリー構造では、データ更新時に横断的な処理を実行する必要があり、その結果がパフォーマンス低下に繋がりやすくなっています。これはFlutterでも同様です。

図3.5.1.1：ウィジェットツリーの構造

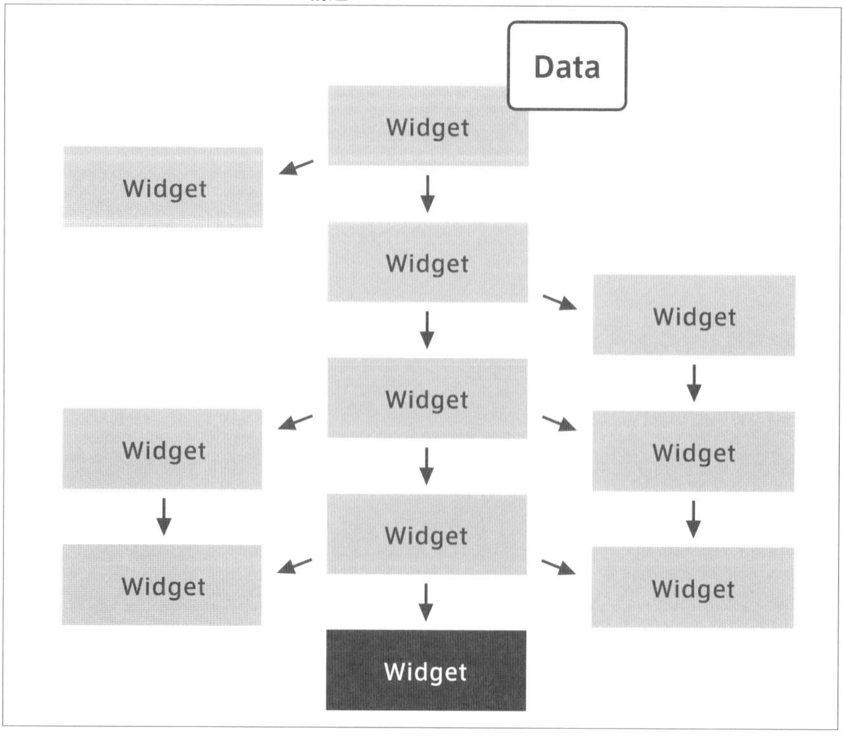

ウィジェットツリーのデータ参照

Flutterのウィジェットを利用してアプリケーションを構築する場合、既に説明した通り、ウィジェットがツリー構造になります（図3.5.1.1）。下位のツリーが上位のツリーに存在するデータにアクセスするには、上位ツリーのウィジェットはbuildメソッド内で下位ツリーのウィジェットにデータを渡す必要があります。

まずは、ビルドのコストを体感するため、InheritedWidgetサンプルプロジェクトを具体的に説明していきます[1]。「3-1 ウィジェットの基本」で紹介した単純なデータ構造ではなく、複雑なデータ構造を参考に詳細に確認しましょう。

サンプルプロジェクトの構造は下図の通りです（図3.5.1.2）。

図3.5.1.2：サンプルプロジェクトの画面

---

1 サンプルプロジェクトの実装（https://github.com/AwaseFlutter/inherited_widget_sample）

Chapter 3 | ウィジェット

サンプルプロジェクトの構造は下記の通りです（コード3.5.1.3）。

コード3.5.1.3：サンプルプロジェクトの構造

```
MyWidget
├── AnotherWidget
│     └── YetAnotherWidget
│            └── ThisIsJustRidiculousWidget
└── NoRefToImportantDataWidget
```

サンプルプロジェクトは、図3.5.1.2右下にあるボタンをタップすると、画面に表示されている数値が
1ずつ増加するアプリケーションです。下記に具体的なコードを示します（コード3.5.1.4）。

コード3.5.1.4：MyWidget と MyWidgetState

```
class MyWidget extends StatefulWidget {
  final String title;

  MyWidget({Key key, this.title}) : super(key: key);

  @override
  _MyWidgetState createState() => _MyWidgetState();
}

class _MyWidgetState extends State<MyWidget> {
  ImportantData importantData = ImportantData();

  _doImportantThings() {
    setState(() {
      importantData.increment();
    });
  }

  @override
  Widget build(BuildContext context) {
    debugPrint("MyWidget is built");
    return Scaffold(
      appBar: AppBar(title: Text(widget.title)),
      body: Center(
        child: Column(
          children: <Widget>[
            Text("MyWidget"),
            AnotherWidget(importantData: importantData)
          ],
        ),
      ),
      floatingActionButton: FloatingActionButton(
        onPressed: _doImportantThings,
```

118

```
      tooltip: 'Increment',
      child: Icon(Icons.add),
    ),
    backgroundColor: Colors.green,
  );
  }
}
```

_MyWidgetStateは、ImportantDataというデータを保持しています。ImportantDataは、下記コード例に示す通り、intでcountのみを保持する簡単なデータ構造です（コード3.5.1.5）。

コード3.5.1.5：ImportantDataの構造

```
class ImportantData {
  int count = 0;

  increment() {
    this.count++;
  }
}
```

incrementメソッドが呼ばれると、countの数値が1つずつ増加する仕組みで、アプリケーションに表示される数値も変化します。

MyWidgetState（コード3.5.1.4）ではImportantDataを生成し、buildメソッド内でAnotherWidgetを生成します。ボタンがタップされると_doImportantThingsメソッドを呼び出し、ImportantDataが保持するcountの値を変更します。その際には、MyWidgetのステートが変更されたことを表現するため、setStateメソッドを呼びます（コード3.5.1.6）。

コード3.5.1.6：ImportantDataの変更

```
// 省略

_doImportantThings() {
  setState(() {
    importantData.increment();
  });
}
```

setStateメソッドを呼ぶことで、更新が必要なものに関して、下位ツリーのウィジェットを更新します。なお、setStateメソッドを呼んだ場合でも、更新されない下位ツリーのウィジェットに関しては、後述の「上位・下位ツリー間の直接参照」で説明します。

Chapter 3 | ウィジェット

本項の場合は、ImportantDataを更新しています。_MyWidgetStateのbuildメソッドが再び呼び出され、それ以下のウィジェットは再生成され再ビルドされます（コード3.5.1.7）。

コード3.5.1.7：_MyWidgetState のリビルド

```
// 省略
  @override
  Widget build(BuildContext context) {
    debugPrint("MyWidget is built");
    return Scaffold(
      appBar: AppBar(title: Text(widget.title)),
      body: Center(
        child: Column(
          children: <Widget>[
            Text("MyWidget"),
            AnotherWidget(importantData: importantData)
          ],
        ),
      ),
      // 省略
    );
  }
// 省略
```

再ビルドされると、Scaffold内のAnotherWidgetが再生成されます（コード3.5.1.8）。

コード3.5.1.8：AnotherWidget の実装

```
class AnotherWidget extends StatefulWidget {
  final ImportantData importantData;

  AnotherWidget({Key key, @required this.importantData})
      : assert(importantData != null),
        super(key: key);

  @override
  _AnotherWidgetState createState() => _AnotherWidgetState();
}

class _AnotherWidgetState extends State<AnotherWidget> {
  ImportantData get _importantData => widget.importantData;

  @override
  Widget build(BuildContext context) {
    debugPrint("AnotherWidget is built");
    return Container(
        height: 400,
        decoration: BoxDecoration(color: Colors.cyan),
```

120

```
          child: Column(children: <Widget>[
            Text("AnotherWidget"),
            YetAnotherWidget(importantData: _importantData)
          ]));
    }
  }
```

AnotherWidgetもMyWidgetと同じ構造です。上位ツリーのMyWidgetStateからImportantDataを
受け取り、StatefulWidgetであるAnotherWidgetでインスタンスを生成しています。
このデータはStateクラスである_AnotherWidgetStateから、**widget.importantData**として参
照できます。_AnotherWidgetStateにおいて、さらに下位ツリーであるYetAnotherWidgetに
ImportantDataを受け渡す構造になっています。

コード3.5.1.9：YetAnotherWidgetの実装

```
class YetAnotherWidget extends StatefulWidget {
  final ImportantData importantData;

  YetAnotherWidget({Key key, @required this.importantData})
      : assert(importantData != null),
        super(key: key);

  @override
  _YetAnotherWidgetState createState() => _YetAnotherWidgetState();
}

class _YetAnotherWidgetState extends State<YetAnotherWidget> {
  ImportantData get _importantData => widget.importantData;

  @override
  Widget build(BuildContext context) {
    debugPrint("YetAnotherWidget is built");
    return Container(
        height: 300,
        decoration: BoxDecoration(color: Colors.amber),
        child: Column(children: <Widget>[
          Text("YetAnotherWidget"),
          ThisIsJustRidiculousWidget(importantData: _importantData)
        ]));
  }
}
```

上記コード例のYetAnotherWidgetの実装は、AnotherWidgetとまったく同じ実装のため、ここでは
説明を省きます。YetAnotherWidgetではbuildメソッド内で、ThisIsJustRidiculousWidgetのイン
スタンスを生成しています。

Chapter 3 | ウィジェット

コード3.5.1.10：ThisIsJustRidiculousWidgetの実装

```
class ThisIsJustRidiculousWidget extends StatefulWidget {
  final ImportantData importantData;

  ThisIsJustRidiculousWidget({Key key, @required this.importantData})
      : assert(importantData != null),
        super(key: key);

  @override
  _ThisIsJustRidiculousWidgetState createState() =>
      _ThisIsJustRidiculousWidgetState();
}

class _ThisIsJustRidiculousWidgetState
    extends State<ThisIsJustRidiculousWidget> {
  ImportantData get _importantData => widget.importantData;

  @override
  Widget build(BuildContext context) {
    debugPrint("ThisIsJustRidiculousWidget is built");
    return Container(
        height: 200,
        decoration: BoxDecoration(color: Colors.deepPurpleAccent),
        child: Column(children: <Widget>[
          Text("ThisIsJustRidiculousWidget"),
          Text("importantData is ${_importantData.count}")
        ]));
  }
}
```

上記コード例に示す通り、ThisIsJustRidiculousWidgetでは、最終的に受け取ったImportantDataからcountを参照し、画面上にcountを表示します（**"importantData is ${_importantData.count}"**）。その結果、前図3.5.1.2の右下のボタンをタップすると、データが変更されます。

ここまで、ウィジェットツリー内の上位ツリーでのデータの変更（更新）、また更新後の下位ツリーへの伝搬に関して、その仕組みを説明しました。
続いて、ImportantDataを参照しないウィジェットを説明します。

コード3.5.1.11：サンプルプロジェクトの構造（再掲）

```
MyWidget
├── AnotherWidget
│   └── YetAnotherWidget
│         └── ThisIsJustRidiculousWidget
└── NoRefToImportantDataWidget
```

3-5 ウィジェットの応用

サンプルプロジェクトでは、MyWidgetの下位ツリーとして、NoRefToImportantDataWidgetを保持しています。下記のコード例に、具体的なコードを示します（コード3.5.1.12）。

コード3.5.1.12：NoRefToImportantDataWidgetの実装

```
class NoRefToImportantDataWidget extends StatefulWidget {
  NoRefToImportantDataWidget({Key key}) : super(key: key);

  @override
  _NoRefToImportantDataWidgetState createState() =>
      _NoRefToImportantDataWidgetState();
}

class _NoRefToImportantDataWidgetState
    extends State<NoRefToImportantDataWidget> {
  @override
  Widget build(BuildContext context) {
    debugPrint("_NoRefToImportantDataWidgetState is built");
    return Container(
        height: 100,
        decoration: BoxDecoration(color: Colors.red),
        child: Column(children: <Widget>[
          Text("NoRefToImportantDataWidget"),
        ]));
  }
}
```

また、下記コード例に示す通り、_MyWidgetStateでNoRefToImportantDataWidgetのインスタンスを生成しています（コード3.5.1.13）。

コード3.5.1.13：NoRefToImportantDataWidgetのインスタンス生成

```
  // buildメソッドのみ
  @override
  Widget build(BuildContext context) {
    debugPrint("MyWidget is built");
    return Scaffold(
      appBar: AppBar(title: Text(widget.title)),
      body: Center(
        child: Column(
          children: <Widget>[
            Text("MyWidget"),
            AnotherWidget(importantData: importantData),
            NoRefToImportantDataWidget()
          ],
        ),
      ),
      floatingActionButton: FloatingActionButton(
```

```
      onPressed: _doImportantThings,
      tooltip: 'Increment',
      child: Icon(Icons.add),
    ),
    backgroundColor: Colors.green,
  );
}
```

Textのみを表示するシンプルな構造です。ここまで説明した通り、ウィジェットツリーにおけるデータの基本的な参照方法を説明しました。

ここからは、上位ツリーおよび下位ツリーへの直接参照や、ウィジェットのリビルドパフォーマンスなど、実践的な内容を説明します。

上位・下位ツリーの直接参照

サンプルプロジェクトでは、ImportantDataをコンストラクタとして上位ツリーから下位ツリーに渡すことでデータ参照をおこなっています。データのみを利用する場合は、この方式で特に問題はありませんが、直接的に上位ツリーもしくは下位ツリーのウィジェットを参照したい場合は、Flutter SDKの仕組みを利用します。
例えば、現状では最下位ツリーであるThisIsJustRidiculousWidgetからMyWidgetを参照できません。また、同様にMyWidgetからThisIsJustRidiculousWidgetへの直接参照もできません。

下位ツリーへの直接的参照

GlobalKeyを用いると下位に存在するStatefulWidgetのStateへのアクセスが可能になります。例えば、サンプルアプリケーションで、MyWidgetから直下ツリーであるAnotherWidgetを直接参照したいケースを考えます。
AnotherWidgetのStateクラスは_AnotherWidgetStateとしていましたが、ここでは外部から参照する必要があるため、AnotherWidgetStateに変更しましょう。まずは、下記に実装例を示します（コード3.5.1.14）。

┃ コード3.5.1.14：GlobalKeyによる下位ツリーへの参照

```
class _MyWidgetState extends State<MyWidget> {
  ImportantData importantData = ImportantData();
  GlobalKey<AnotherWidgetState> anotherWidgetStateGlobalKey = GlobalKey();

  _doImportantThings() {
    setState(() {
```

```dart
        importantData.increment();
      });
  }

  @override
  Widget build(BuildContext context) {
    debugPrint("MyWidget is built");
    return Scaffold(
      appBar: AppBar(title: Text(widget.title)),
      body: Center(
        child: Column(
          children: <Widget>[
            Text("MyWidget"),
            Text(
                "Another Widget Direct Reference ${anotherWidgetStateGlobalKey.
currentState?.widget?.importantData?.count ?? "empty"}"),
            AnotherWidget(
                key: anotherWidgetStateGlobalKey, importantData: importantData),
            NoRefToImportantDataWidget()
          ],
        ),
      ),
      floatingActionButton: FloatingActionButton(
        onPressed: _doImportantThings,
        tooltip: 'Increment',
        child: Icon(Icons.add),
      ),
      backgroundColor: Colors.green,
    );
  }
}
```

サンプルアプリの挙動に変わりはありません。ボタンをタップすることで、FloatingActionButtonの_doImportantThingsが実行され、その結果としてMyWidgetStateがリビルドされ、下位ツリーへ更新されたデータ（ImportantData）が渡されて、画面に表示される数字が増加します。

新たにbuildメソッド内にTextを表示しています（コード3.5.1.15）。これは、MyWidgetから直接参照した下位ツリーであるAnotherWidgetを参照できていることを確認するためです。データを参照できていない場合はemptyを表示にします。

コード3.5.1.15：下位ツリー参照の結果表示ウィジェット

```dart
Text("Another Widget Direct Reference ${anotherWidgetStateGlobalKey.currentState?.widget?.
importantData?.count ?? "empty"}")
```

Chapter 3 | ウィジェット

実装での手順は下記の通りです。

1. 下位ツリーを識別するためのGlobalKeyを決定し、下位ツリーインスタンスを生成する際のkey
   プロパティに追加する
2. GlobalKeyを生成した上位ツリーで**globalKey.currentState.widget**で参照する。

まずは、GlobalKeyを追加します（コード3.5.1.16）。

コード3.5.1.16：GlobalKeyのインスタンス化

```
class _MyWidgetState extends State<MyWidget> {
  GlobalKey<AnotherWidgetState> anotherWidgetStateGlobalKey = GlobalKey();
}
```

GlobalKeyの型には、下位ツリーであるAnotherWidgetのStateクラスであるAnotherWidgetState
を指定します。続いて、指定したGlobalKeyを下位ツリーに渡します（コード3.5.1.17）。

コード3.5.1.17：GlobalKeyの注入

```
class _MyWidgetState extends State<MyWidget> {
  GlobalKey<AnotherWidgetState> anotherWidgetStateGlobalKey = GlobalKey();

  @override
  Widget build(BuildContext context) {
    return Scaffold(
      // 省略
          AnotherWidget(key: anotherWidgetStateGlobalKey, importantData: importantData)
      // 省略
    );
  }
}
```

上記コード例のAnotherWidgetが持つkeyプロパティは、すべてのウィジェットが持つ識別子です。こ
の値を指定することでアクセスが可能です。下記コード例に示す通り、上位ツリーにおいてGlobalKey
のcurrentStateから直接下位ツリーであるAnotherWidgetにアクセスし、データ（メソッドも含む）を
取得できます（コード3.5.1.18）。

コード3.5.1.18：下位ツリー参照の結果表示ウィジェット（再掲）

```
Text("Another Widget Direct Reference ${anotherWidgetStateGlobalKey.currentState?.widget?.
importantData?.count ?? "empty"}")
```

アプリケーションで実行した結果が下図です。最初のビルド時には、GlobalKeyで下位ツリーの要素が取得できる前にレンダリングが実行されるため、emptyが表示されます。

図3.5.1.19：下位ツリー参照の結果1、結果2

以上で、下位ツリーであるStatefulWidgetのデータを参照可能になりました。

Chapter 3 | ウィジェット

上位ツリーへの直接的参照

続いて、下位ツリーから上位ツリーへの直接的な参照方法を説明します。

上位ツリーへの参照は、BuildContextのancestorWidgetOfExactTypeを利用すると実現できます。サンプルプロジェクトを参考に、下位ツリーであるAnotherWidgetから上位ツリーであるMyWidgetを参照する方法を具体的に説明します。

実装の手順は簡単で、下記コード例に示す通り実装します（コード3.5.1.20）。

コード3.5.1.20：上位ツリーへの参照の具体実装

```
class AnotherWidgetState extends State<AnotherWidget> {
  @override
  Widget build(BuildContext context) {
    final MyWidget myWidget = context.ancestorWidgetOfExactType(MyWidget);
    return Container(
        height: 400,
        decoration: BoxDecoration(color: Colors.cyan),
        child: Column(children: <Widget>[
          Text("AnotherWidget"),
          Text(
              "Parent Direct Reference ${myWidget.state?.importantData?.count ??
"empty"}"),
          YetAnotherWidget(importantData: _importantData)
        ]));
  }
}
```

上記コード例に示す通り、buildメソッドに含まれるBuildContextのancestorWidgetOfExactTypeを利用して、上位ツリーのウィジェットの型（MyWidget）を指定します。これで上位ツリーへの直接的参照が可能になります。

実践的に利用する場合には、StatefulWidgetそのものではなく、Stateインスタンスにアクセスしたいケースがあります。その場合は、下記コード例に示す通り、Stateインスタンスを外部に公開します（コード3.5.1.21）。

図3.5.1.21：StatefulWidgetのステートの公開

```
class MyWidget extends StatefulWidget {
  final String title;

  _MyWidgetState _myWidgetState;
```

```
  _MyWidgetState get state => _myWidgetState;

  MyWidget({Key key, this.title}) : super(key: key);

  @override
  _MyWidgetState createState() {
    _myWidgetState = _MyWidgetState();
    return _myWidgetState;
  }
}
```

_myWidgetState自体はプライベートなメンバー変数にして、getterメソッドを外部に提供することで、MyWidgetのStateインスタンスを参照可能になります。

この通り、上位ツリーならびに下位ツリーへの直接参照を説明しましたが、説明した方法で直接的に参照する場合、実際にはすべてのツリーを探索していることになり、アプリケーションのパフォーマンスとして良好ではありません。次節「3-5-2 パフォーマンス対策」で解説するInherited Widgetでは、アプリケーションパフォーマンスを考慮した実装が可能になります。

ウィジェットのリビルドパフォーマンス

ウィジェットのビルドパフォーマンスを向上させる方法を説明します。

コード3.5.1.22：サンプルプロジェクトの構造（コード3.5.1.3の再掲）

```
MyWidget
├──── AnotherWidget
│    └──── YetAnotherWidget
│            └──── ThisIsJustRidiculousWidget
└──── NoRefToImportantDataWidget
```

上記に示すサンプルプロジェクトでは、NoRefToImportantDataWidgetはMyWidgetが持つデータを参照しません。そのため、MyWidgetのステートが変更されてもNoRefToImportantDataWidgetのリビルドは必要ありません。ただし、実際にdebugPrintを実行するとリビルドされていることが分かります。

この通り、上位ツリーのステート変更が下位ツリーに影響を及ぼさないときでも、リビルドされてしまう場合、パフォーマンスの低下が発生します。単純な構造であれば問題は発生しませんが、より実践的なアプリでは、場合によっては画面表示が間に合わなかったり、滑らかな表示にならなかったりするなどの原因にもなり得ます。次項では、ウィジェットツリーのデータ構造を利用しているために発生する、パフォーマンスの課題に対して具体的な対策を説明します。

Chapter 3 | ウィジェット

3-5-2 パフォーマンス対策

前項「3-5-1 パフォーマンスの課題」では、パフォーマンスの課題に関して説明しましたが、本項では、パフォーマンスの悪化を防ぐために必要な知識とその実装方法を具体的に説明します。

buildメソッドのウィジェットにおけるネストの削減

Flutterアプリケーションでは、ウィジェットツリーですべてを構築するため、buildメソッドの返り値であるウィジェットの階層を可能な限り浅くするとパフォーマンスが向上します。ウィジェットツリーのデータ構造では、データ更新時の探索に伴う計算量が $O(n)$ になるため、階層が深くなればなるほど、横断的な処理に時間を要してしまいます[2]。

サンプルアプリケーションのネストを確認してみましょう（コード3.5.2.1）。

コード3.5.2.1：ネスト構造の実装例

```
// 省略
return Scaffold(
      appBar: AppBar(title: Text(widget.title)),
      body: Center(
        child: Column(
          children: <Widget>[
            Text("MyWidget"),
            Text(
                "Another Widget Direct Reference ${anotherWidgetStateGlobalKey.
currentState?.widget?.importantData?.count ?? "empty"}"),
            AnotherWidget(
                key: anotherWidgetStateGlobalKey, importantData: importantData),
            NoRefToImportantDataWidget()
          ],
        ),
      ),
      floatingActionButton: FloatingActionButton(
        onPressed: _doImportantThings,
        tooltip: 'Increment',
        child: Icon(Icons.add),
      ),
      backgroundColor: Colors.green,
    );
// 省略
```

2　$O(1)$、$O(n)$ などは処理時間の計算量の評価方法で、オー記法（ビッグオー記法）と呼ばれています。 $O(1)$ は処理時間がデータ量に依存しません。一方、$O(n)$ はデータ量が増加すればするほど処理時間が増加します。つまり、ウィジェットの数が増加するほど、$O(n)$の処理時間は長くなります。

3-5 ウィジェットの応用

コード例を構造化すると下記の通りです（コード3.5.2.2）。

コード3.5.2.2：buildメソッドが返すネスト構造

```
Scaffold
├── AppBar
│   └── Text
├── Center
│   └── Column
│       └── Text
│       └── Text
│       └── AnotherWidget
│       └── NoRefToImportantDataWidget
├── FloatingActionButton
├── MaterialColor
```

サンプルアプリケーションの単純な構造でも深さと幅はこの程度になります。パフォーマンスの悪化を感じたときは、まずネスト構造を把握するところから始めましょう。どうしても構造的に改善できない場合は、他の対策が必要になります。

StatefulWidgetのステートの分離

StatefulWidgetでは、そのStateクラスでbuildメソッドを呼び出し、ウィジェットを構築します。Stateクラスが持つsetStateメソッドを呼び出すと、呼び出した下位ウィジェットでリビルドが必要かどうかを判断し、最終的に自身をリビルドします。

ただし、適切にステートを持つウィジェットを分離していない場合、サンプルアプリケーションの例で示した通り、リビルドの必要がないウィジェットまでリビルドしてしまいます。

コード3.5.2.3：不要なリビルドが発生する実装例

```
class _MyWidgetState extends State<MyWidget> {
  // 省略
  @override
  Widget build(BuildContext context) {
    return Scaffold(
        // 省略
        children: <Widget>[
          Text("MyWidget"),
          Text("Another Widget Direct Reference ${anotherWidgetStateGlobalKey.
currentState?.widget?.importantData?.count ?? "empty"}"),
          AnotherWidget(key: anotherWidgetStateGlobalKey, importantData: importantData),
          NoRefToImportantDataWidget()
        ],
```

131

```
        // 省略
      )
  }
  // 省略
}
```

上記コード例に示す通り、_MyWidgetState内で**setState**メソッドがコールされると**build**メソッドがリビルドされます。ImportantDataを参照している**Text**と**AnotherWidget**のみで更新が必要なはずですが、ImportantDataを参照しない**Text**と**NoRefToImportantDataWidget**もリビルドされてしまいます。

この場合、ツリー構造が深く、広くなればなるほど、最終的なパフォーマンスが悪化します。参照の必要がない場合は、ステートを分離することでリビルドを発生させないことが可能です。

上記コード例でStatefulWidgetであるAnotherWidgetを切り出してみましょう。問題を単純化するために先ほどのサンプルアプリケーションを少々変更します。下記コード例に全体像を示します（コード3.5.2.4～コード3.5.2.6）。

コード3.5.2.4：MyAppの実装

```
void main() => runApp(MyApp());

class MyApp extends StatelessWidget {
  GlobalKey<MyWidgetState> myWidgetState = GlobalKey();

  // This widget is the root of your application.
  @override
  Widget build(BuildContext context) {
    debugPrint("MyApp is built");
    return MaterialApp(
      title: 'InheritedWidgetSample',
      theme: ThemeData(
        primarySwatch: Colors.blue,
      ),
      home: Scaffold(
        appBar: AppBar(title: Text('InheritedWidget')),
        body: Center(
          child: Column(
            children: <Widget>[
              Text("MyWidget"),
              MyWidget(key: myWidgetState),
              NoRefToImportantDataWidget()
            ],
          ),
        ),
        floatingActionButton: FloatingActionButton(
          onPressed: () {
            myWidgetState.currentState.doImportantThings();
```

3-5 ウィジェットの応用

```
        },
        tooltip: 'Increment',
        child: Icon(Icons.add),
      ),
      backgroundColor: Colors.green,
    ));
  }
}
```

コード3.5.2.5：MyWidgetの実装

```
class MyWidget extends StatefulWidget {
  final String title;

  MyWidget({Key key, this.title}) : super(key: key);

  @override
  MyWidgetState createState() => MyWidgetState();
}

class MyWidgetState extends State<MyWidget> {
  ImportantData importantData = ImportantData();

  doImportantThings() {
    setState(() {
      importantData.increment();
    });
  }

  @override
  Widget build(BuildContext context) {
    debugPrint("MyWidget is built");
    return AnotherWidget(importantData: importantData);
  }
}
```

コード3.5.2.6：NoRefToImportantDataWidgetの実装

```
class NoRefToImportantDataWidget extends StatelessWidget {
  @override
  Widget build(BuildContext context) {
    debugPrint("NoRefToImportantDataWidgetState is built");
    return Container(
        height: 100,
        decoration: BoxDecoration(color: Colors.red),
        child: Column(children: <Widget>[
          Text("NoRefToImportantDataWidget"),
        ]));
  }
}
```

133

NoRefToImportantDataWidgetはステートを持たないため、StatelessWidgetに変更しています。サンプルアプリケーションの全体像を示しましたが、大きく変更するのはMyWidgetの実装です。下記コード例に示します（コード3.5.2.7〜コード3.5.2.8）。

コード3.5.2.7：MyWidget 変更前のbuildメソッドの内部実装

```
// buildメソッドのみ
@override
Widget build(BuildContext context) {
  debugPrint("MyWidget is built");
  return Scaffold(
    appBar: AppBar(title: Text(widget.title)),
    body: Center(
      child: Column(
        children: <Widget>[
          Text("MyWidget"),
          AnotherWidget(importantData: importantData),
          NoRefToImportantDataWidget()
        ],
      ),
    ),
    floatingActionButton: FloatingActionButton(
      onPressed: _doImportantThings,
      tooltip: 'Increment',
      child: Icon(Icons.add),
    ),
    backgroundColor: Colors.green,
  );
}
```

コード3.5.2.8 MyWidget 変更後のbuildメソッドの内部実装

```
// buildメソッドのみ
@override
Widget build(BuildContext context) {
  debugPrint("MyWidget is built");
  return AnotherWidget(importantData: importantData);
}
```

各ウィジェットのbuildメソッド内にdebugPrintを実装して、コンソール上でウィジェットがリビルドされているかどうかを確認します。

変更前の状態（コード3.5.2.7）では、ボタンをタップすると、下記に示す通り、すべてのウィジェットがリビルトされます（コード3.5.2.9）。

コード3.5.2.9：リビルドの結果（変更前）

```
I/flutter (25996): MyWidget is built
I/flutter (25996): AnotherWidget is built
I/flutter (25996): YetAnotherWidget is built
I/flutter (25996): ThisIsJustRidiculousWidget is built
I/flutter (25996): NoRefToImportantDataWidgetState is built
```

コード3.5.2.7では、MyWidgetのステートが返すbuildメソッド内でScaffoldを返しています。しかし、コード3.5.2.8ではステートの変更が他のウィジェットに影響を及ぼさないように、ImportantDataを参照するAnotherWidgetのみをリビルドするようにしています。

その代わり、コード3.5.2.4で示したMyAppの実装にしています。ScaffoldをMyApp内で返すように変更しますが、ボタン（FloatingActionButton）がタップされたときの挙動を変更する必要があります。詳しくは、上位ツリーから下位ツリーへ直接的に参照する方法を、前項内の「上位・下位ツリーの直接参照」で説明しているので、そちらを参照してください。

上記に変更して、実際にボタンをタップしてみましょう。

コード3.5.2.10：リビルドの結果（変更後）

```
I/flutter (25996): MyWidget is built
I/flutter (25996): AnotherWidget is built
I/flutter (25996): YetAnotherWidget is built
I/flutter (25996): ThisIsJustRidiculousWidget is built
```

NoRefToImportantDataWidgetがリビルドされないことが確認できます。この通り、ステートを分離することでも、リビルドのコストを低減してパフォーマンスの改善が可能です。

不変下位ツリーのキャッシュ

StatefulWidgetのStateインスタンスが呼び出す、buildメソッド内のウィジェットをキャッシュすることも、パフォーマンス対策の1手段です。メモリ上でキャッシュします。StatefulWidgetがリビルドの可否を判断する際、内部的にはステートの変更有無を確認しています。変更がない場合にはリビルドは実行されません。

まずは、変更前のリビルドの状態をみてみましょう。

Chapter 3 | ウィジェット

コード3.5.2.11：ウィジェットのリビルド（変更前）

```
I/flutter (16663): MyWidget is built
I/flutter (16663): AnotherWidget is built
I/flutter (16663): YetAnotherWidget is built
I/flutter (16663): ThisIsJustRidiculousWidget is built
```

変更前では、下位ツリーのすべてがリビルドされていることが分かります。

下記コード例に、MyWidgetを利用した具体的なキャッシュの実装を示します（コード3.5.2.12）。

コード3.5.2.12：ウィジェットのキャッシュ

```
class MyWidgetState extends State<MyWidget> {
  AnotherWidget anotherWidget;

  @override
  void initState() {
    super.initState();
    anotherWidget = AnotherWidget(importantData: importantData);
  }

  @override
  Widget build(BuildContext context) {
    debugPrint("MyWidget is built");
    return anotherWidget;
  }

}
```

上記コード例に示す通り、MyWidget内のメンバー変数としてAnotherWidgetを保持します。初回のinitState時にインスタンスが初期化され、buildメソッド内ではキャッシュされたAnotherWidgetインスタンスをそのまま利用することになります。

この場合、MyWidgetStateのbuildメソッドが呼ばれた場合でも、AnotherWidgetのリビルドは実行されません。内部的にAnotherWidgetの更新が不要であることを検知しているためです。詳細に関してはElementクラス[3]を参考にしてください。

実装後、リビルドが発生するか確認してみましょう。

コード3.5.2.13：ウィジェットのリビルド（変更後）

```
I/flutter (16663): MyWidget is built
```

3　https://api.flutter.dev/flutter/widgets/Element-class.html

キャッシュすることで、MyWidget以下のウィジェットツリーはリビルドされません。この通り、キャッシュする実装は、リビルドの実行を回避できパフォーマンスの向上に貢献します。

ただし、キャッシュの利用には十分な注意が必要です。本来は変更されるべき値が変更されない状態にもなり得るため、本当にリビルドが不要であるか、十分に検討してから利用しましょう。

ウィジェットの定数化

ウィジェットの定数化にはDartのconst修飾子を利用します。const修飾子は、コンパイル時定数であるため、アプリ起動時に初期化されたあとは不変であることが保証されています。

この実装は、不変下位ツリーのキャッシュと本質的には同じ処理になるため、まずはconstを記述する処理が本当にリビルドの必要がないか確認することが重要です。

まずは、変更前のリビルドの状態を確認します。

コード3.5.2.14：リビルドのデバッグログ（変更前）

```
I/flutter (16663): MyWidget is built
I/flutter (16663): AnotherWidget is built
I/flutter (16663): YetAnotherWidget is built
I/flutter (16663): ThisIsJustRidiculousWidget is built
I/flutter (16663): NoRefToImportantDataWidgetState is built
```

この通り、すべてのウィジェットがリビルドされています。

コード例に示す通り、StatelessWidgetであるNoRefToImportantDataWidgetで、constを利用することでリビルドが実行されないようにしましょう（コード3.5.2.15）。

コード3.5.2.15：const付きのStatelessWidget

```
class NoRefToImportantDataWidget extends StatelessWidget {
  const NoRefToImportantDataWidget({Key key}) : super(key: key);

  @override
  Widget build(BuildContext context) {
    debugPrint("NoRefToImportantDataWidgetState is built");
    return Container(
        height: 100,
        decoration: BoxDecoration(color: Colors.red),
        child: Column(children: <Widget>[
          Text("NoRefToImportantDataWidget"),
        ]));
  }
}
```

Chapter 3 | ウィジェット

コンストラクタでconst修飾子を付けます。これでNoRefToImportantDataWidgetをコンパイル時定数として利用できます。続いて、呼び出し側でも同様にconstを追加します（コード3.5.2.16）。インスタンス化時にconstを指定することで、インスタンスが再生成されることを防ぎます。

コード3.5.2.16：呼び出し側のconst処理

```
// 省略
  @override
  Widget build(BuildContext context) {
    return Scaffold(
          // 省略
          children: <Widget>[
           // 省略
           const NoRefToImportantDataWidget()
          ],
  }
```

コード3.5.2.17：リビルドの結果（変更後）

```
I/flutter (16663): MyWidget is built
I/flutter (16663): AnotherWidget is built
I/flutter (16663): YetAnotherWidget is built
I/flutter (16663): ThisIsJustRidiculousWidget is built
```

この通り、const化したNoRefToImportantDataWidgetはリビルドされなくなりました。変更の必要がないStatelessWidgetに対しては積極的に利用できるでしょう。

InheritedWidgetの利用

最後にInheritedWidgetを紹介しましょう。InheritedWidgetの大きな特徴は下記の通りです。

- 下位ツリーからの低い参照コスト（O(1)）
- 下位ツリーの特定ウィジェットのみへの変更通知が可能

下位ツリーから上位ツリーを直接参照する場合、**BuildContext**の**ancestorWidgetOfExactType**の利用で解決すると、前述の「上位・下位ツリーへの直接参照」説明しましたが、実はこの参照法には問題があります。

下位ツリーから上位ツリーの該当する型を探索する場合は、横断的な探索を実行するため$O(n)$のコストが掛かってしまいます。この問題を解決するには、**ancestorWidgetOfExactType**の代替として、**inheritFromWidgetOfExactType**を利用してください。inheritFromWidgetOfExactTypeの利用で、$O(n)$のコストが$O(1)$になるため、相応のパフォーマンス向上が期待できます。公式ドキュメント[4]でも、

---

4 https://api.flutter.dev/flutter/widgets/BuildContext/ancestorWidgetOfExactType.html

inheritFromWidgetOfExactTypeの利用が推奨されています。

また、InheritedWidgetのもう1つの大きな特徴は、下位ツリーの特定ウィジェットのみへの変更通知が可能なことです。これには以下の2つのメリットがあります。

- 変更したいウィジェットがどの状態でも変更通知が可能
- データのコンストラクタ渡しが不要

本節では、パフォーマンス向上の方法を説明しましたが、その中でも、StatefulWidgetにおけるStateクラスのリビルドを防ぐことに関して説明しました。不変下位ツリーのキャッシュやウィジェットの定数化を利用するとリビルドされないことを説明していますが、その場合でも**InheritedWidget**を利用すると、変更を通知することが可能です。
また、下位ツリーにステートの変更を伝搬するために、「buildメソッドのウィジェットにおけるネストの削減」での実装例で示した通り、データをコンストラクタで引き渡す必要がなくなります。

InheritedWidgetを利用した具体的な実装を紹介しましょう。
前掲したコード3.5.2.15のNoRefToImportantDataWidgetを利用します。このウィジェットはStatelessなウィジェット、かつconstでリビルドが発生しない実装です。実装の手順は下記の通りです。

1. InheritedWidgetを継承したクラスの実装
2. InheritedWidgetを利用する

1. InheritedWidgetを継承したクラスの実装

まずは、InheritedWidgetを継承するクラスを実装します。

コード3.5.2.18：InheritedWidgetの継承クラス

```
class Inherited extends InheritedWidget {
  const Inherited({
    Key key,
    @required this.importantData,
    @required Widget child,
  }) : super(key: key, child: child);

  final ImportantData importantData;

  static Inherited of(
    BuildContext context, {
    @required bool observe,
  }) {
    return observe
```

```
        ? context.inheritFromWidgetOfExactType(Inherited)
        : context
            .ancestorInheritedElementForWidgetOfExactType(Inherited)
            .widget;
  }

  @override
  bool updateShouldNotify(Inherited old) =>
      old.importantData.count <= importantData.count;
}
```

InheritedWidgetの実装時に注意する点は下記の3つです。

- 変更通知したいデータ（ステート）の決定
- 上位ツリーのBuildContextを受け取るstaticメソッドの実装
- 変更通知の条件定義

InheritedクラスではコンストラクタでImportantDataを渡しています。これは上位ツリーのステートが持つ、ImportantDataへの参照とその変更を監視するために定義しています。

また、Inheritedクラスでは慣用的にstaticのofメソッドを実装します。上位ツリーのBuildContextを受け取り、ImportantDataを$O(1)$で探索するために必要です。第2引数のbool値であるobserveは、ImportantDataのデータ変更を監視する必要があるかどうかを外部から指定可能にしています。
変更通知が必要な場合には、**context.inheritFromWidgetOfExactType(Inherited)**を呼び出します。変更通知が不要な場合には、**context.ancestorInheritedElementForWidgetOfExactType(Inherited).widget**を呼び出します。

いずれのメソッドも上位ツリーへの参照は$O(1)$ですが、変更通知の有無が異なります。
inheritFromWidgetOfExactTypeを利用した場合は変更が通知され、ancestorInheritedElementForWidgetOfExactTypeを利用した際はofを読んだ時点でのImportantDataが渡されます。
なお、InheritedWidgetを利用する側の実装は後述します。

InheritFromWidgetOfExctTypeを利用したときと、ancestorInheritedElementForWidgetOfExcatTypeを利用したときのそれぞれの実行結果は次図の通りです（図3.5.2.18～図3.5.2.19）。具体的には、NoRefToImportantDataWidgetウィジェット内の数値が0から1に増加しています。

図3.5.2.18：inheritFromWidgetOfExactType利用時の結果

図3.5.2.19：ancestorInheritedElementForWidgetOfExactType利用時の結果

Chapter 3 | ウィジェット

また、変更通知の条件を指定できます。**updateShouldNotify(Inherited old)**メソッドでbool値を返すため、更新が必要になる条件を記載します。今回の場合は、新しいImportantDataの値が古いImportantDataの値以上になる場合に変更を通知します。

以上で、InheritedWidgetを継承するクラスの設定は完了です。

2. InheritedWidgetを利用する

InheritedWidgetを継承するクラスの実装に続き、実装したInheritedWidgetの継承クラスの利用です。

サンプルで利用したStatelessWidgetであるNoRefToImportantDataWidgetを利用します。一度ビルドされるとリビルドはされないため、ImportantDataの変更を検知できません。そこで、下記コード例に示す通り、InheritedWidgetを利用します（コード3.5.2.20）。

コード3.5.2.20：InheritedWidgetの利用

```
class NoRefToImportantDataWidget extends StatelessWidget {
  const NoRefToImportantDataWidget({Key key}) : super(key: key);

  @override
  Widget build(BuildContext context) {
    debugPrint("NoRefToImportantDataWidgetState is built");
    return Container(
        height: 100,
        decoration: BoxDecoration(color: Colors.red),
        child: Column(children: <Widget>[
          Text("NoRefToImportantDataWidget"),
          Text("Inherited Widget data is ${Inherited.of(context, observe: true).
importantData.count}"),
        ]));
  }
}
```

上記コード例で分かる通り、ImportantDataの変更を通知したいため、Inherited.ofの第2引数にtrueを代入します。そして、TextにはImportantDataのcountを表示します。

最後は、通知するべきデータを設定する必要があります（コード3.5.2.21）。

コード3.5.2.21：ImportantDataの設定

```
// 省略
@override
Widget build(BuildContext context) {
  debugPrint("MyWidget is built");
  return Inherited(
      importantData: importantData,
      child: Scaffold(
        appBar: AppBar(title: Text(widget.title)),
        body: Center(
          child: Column(
            children: <Widget>[
              Text("MyWidget"),
              Text(
                  "Another Widget Direct Reference ${anotherWidgetStateGlobalKey.
currentState?.widget?.importantData?.count ?? "empty"}"),
              AnotherWidget(
                  key: anotherWidgetStateGlobalKey,
                  importantData: importantData),
              const NoRefToImportantDataWidget()
            ],
          ),
        ),
        floatingActionButton: FloatingActionButton(
          onPressed: _doImportantThings,
          tooltip: 'Increment',
          child: Icon(Icons.add),
        ),
        backgroundColor: Colors.green,
      ));
}
// 省略
```

上記コード例に示す通り、buildメソッドで返していたScaffoldをInheritedでラップします。そして変更通知するべきデータをコンストラクタに代入します。今回ではImportantDataが該当します。NoRefToImportantDataWidgetはconstでインスタンス化されているため、本来ならばリビルドが呼ばれないはずですが、このInheritedWidgetの設定で通知監視が可能になります。

InheritedWidgetツリー以下の子ツリーに存在するウィジェットの状態に依存せずに、データの伝搬をおこないたい場合は、この方法が有効です。状態が変化するデータを監視するためにInheritedで参照し、ステートに変更が生じた場合は、ステートを参照する子ウィジェットに変更を効率的に伝搬できます。

それでは結果をみてみましょう。

次図に示す通り、他のウィジェットと同様に、NoRefToImportantDataWidgetウィジェット内の ImportantDataのデータ変更（0から1に増加）が監視可能になっています（図3.5.2.22）。

図3.5.2.22：ImportantDataの変更通知結果

Chapter 4

状態管理

本章では巨大になりがちなアプリケーション開発に欠かせない
要素の1つである状態管理に関して、
その必要性やメリットを中心に解説します。
また、Flutterでアプリケーションを開発する上で
実際に使われている状態管理の手法を紹介します。

4-1

状態管理の基本

本節では、状態管理の基礎を解説します。GUIアプリケーションの開発を進めると、多くの状態が散乱してしまうことがあります。ここでの状態とは、どの画面を表示しているのか、送信ボタンを押せる／押せない、ラベルに表示するテキストは何か、などを表すものです。

状態が散乱すると、膨大なクラスのどのパラメータがどの表示領域に影響するのか把握することが困難になってしまいます。GUIアプリケーションの開発では、状態をどこでどのように管理するかが開発での鍵となります。そこで、状態管理の必要性をはじめ、その基本的な考え方を紹介しつつ、Flutterではどのように状態を管理すべきか解説します。

4-1-1 状態管理の必要性

前章の「Chapter 3 ウィジェット」では、Flutterのウィジェットを用いるマルチプラットフォームに対応するアプリケーション開発を説明しているので、必要に応じて公式リファレンスで紹介されているウィジェットと組み合わせることで、Flutterを使ったアプリケーションの開発が可能です。

しかし、実際にFlutterで開発を進めてプロジェクトの規模が大きくなっていくと、ソースコードとクラスが増えていき管理が難しくなってしまいます。意図通りに動作しない?!と思ったときには既に時遅しで、無秩序に拡がってしまった処理の流れを追い掛ける必要に迫られます。バグが発生するたびに、ソースコードを追い掛けていかざるを得ない状況になります。

そして、機能が追加されるにつれソースコードは複雑怪奇なものへと変貌します。例えば、この画面はどんな条件で表示されるのか、このボタンが有効化される条件は何か、このダイアログが表示されるタイミングはいつなのかなどと、規模が大きくなればなるほど、このような状態は増えていきます。その状態を管理しているクラスはどこにあるか、状態を取得するメソッドはどこにあるのかなど、単独ではなくチームで開発を進めていくと、さらに混沌を極めていきます。

ある画面での動作を変更したら、異なる画面の動作まで変わってしまうなど、ちょっとした機能を追加するだけなのに、思わぬところの動作に影響してバグを生み出してしまうなど、巨大になりがちなGUIアプリケーションの開発ではありがちな状況です。そこで必要な情報を整理し管理することが、GUIアプリケーションの開発には必要となります。実際にどのように情報を管理すべきなのか、次項では実際の管理手法の例を紹介しましょう。

4-1-2 Model View Controllerアーキテクチャ

現在、数多くのソフトウェアアーキテクチャが存在します。ソフトウェアアーキテクチャの歴史は古く、1980年頃からソフトウェアの開発手法（ソフトウェアアーキテクチャ）として、さまざまな研究や改善がおこなわれています。有名なソフトウェアアーキテクチャの1つとして、Model View Controller（以下MVC）が挙げられます。MVCは、Ruby on RailsやCakePHPなどのWebアプリケーションフレームワークでは一般的に使われているソフトウェアアーキテクチャで、数多くのソフトウェアアーキテクチャの基礎ともいえる存在です。まずはMVCから学ぶことで、状態管理の基礎を理解しましょう。

MVCは各機能の役割を3つの要素に分けて実装するソフトウェアアーキテクチャです。データの集計や保存、他のサービスへの通信など、ビジネスロジックと呼ばれる処理を実装する「Model」、ユーザーから見える部分、テキストやグラフィックなどの表示とボタンやキーボードからの入力を受け取る「View」、Viewから受け取ったユーザーの入力情報をModelに伝達する役割である「Controller」、この3つの要素で構成されています。
明確に処理が分割されているため、各要素は自分の責務のみに集中できます。例えば、表示されているボタンの色や位置などを変更したい場合は、Viewの要素を修正します。ネットワーク通信部分に変更を加えたいのであれば、Modelの要素のみを修正すれば良いのです。

図4.1.2.1：Model-View-Controllerの関係性

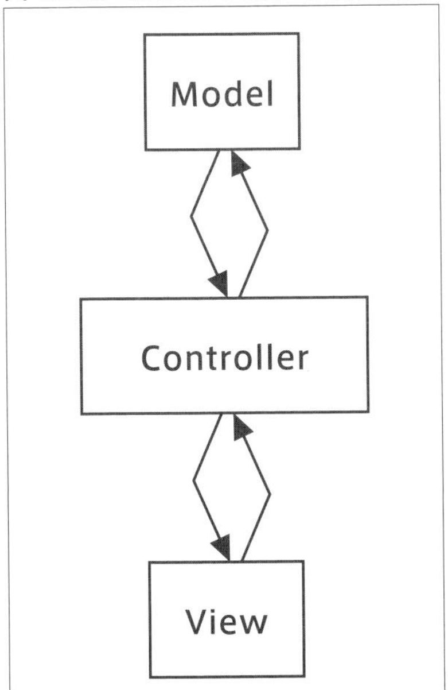

基本的にMVC以外のソフトウェアアーキテクチャも、この考え方が元になっています。ModelやControllerに相当する部分がアプリケーションの状態を管理して、その状態をViewに伝えることで、Viewが状態から表示内容を決定する流れは、いずれのソフトウェアアーキテクチャでもほぼ変わりません。

もちろん、MVCをそのまま使っても構いませんが、複雑になりがちなGUIソフトウェアのアーキテクチャでは、MVCをさらに発展させたアーキテクチャパターンを使用することが多いです。開発するソフトウェアの規模や開発チームの熟練度など、さまざまな要素によって最適なソフトウェアアーキテクチャは異なりますが、どのソフトウェアアーキテクチャもソフトウェアの状態を管理することで、巨大になりがちなGUIアプリケーション開発を容易にするものです。

4-1-3 Flutterにおけるアーキテクチャ

ソフトウェアアーキテクチャを適用することで、アプリケーションの状態を的確に管理し開発を円滑に進めることができます。しかし、ソフトウェアアーキテクチャパターンはMVC以外にもさまざまなパターンが存在しています。実際に自身が開発するアプリケーションにどのソフトウェアアーキテクチャパターンを採用すればいいのでしょうか。

残念ながら、「Flutterで開発するにはこのパターンが最適です」といった単純な回答はありません。最適なパターンは、開発するアプリケーションやその他のさまざまな要素によって変わってきます。どのパターンを採用するかを決めるためにも、ソフトウェアアーキテクチャパターンの基礎を学び、状況に応じて的確なパターンを選択できるようになりましょう。

Flutterによるアプリケーション開発では、どのようにソフトウェアアーキテクチャパターンを選択すればよいのでしょうか。まずはソフトウェアアーキテクチャパターンの基礎を学ぶ必要があります。基礎を知らなければ、どのパターンがどのような設計になっているか、その理由を理解できません。もしかしたら、「無駄なクラスがたくさんあるので採用するのはやめよう」と、誤った判断をしてしまうかもしれません。また、チーム開発であれば、ソフトウェアアーキテクチャパターンの採用理由を周知する必要もあります。そのためにも、まずは基礎をしっかりと学びましょう。

既にWebサイトのフロントエンド開発やiOSやAndroidのアプリケーション開発で、ソフトウェアアーキテクチャの導入経験があり、MVVM（Model-View-ViewModel）やMVP（Model-View-Presenter）などのパターンを知っているかもしれません。いずれのパターンも基本は同じです。前項で紹介したMVCの考え方と大きな違いがあるわけではありません。ModelやControllerに相当する部分が持つ状態をViewが受け取り、UIを構築していきます。これを式で表すと、次の通りです（図4.1.3.1）。

図4.1.3.1：UIの構築を表す式

Stateが状態であり、Stateを関数でUIに変換します。この式から分かる通り、UIはStateの射影であるといえます。つまり、Stateが同じであれば、それによって構築されるUIも同じであるべきです。逆にいうと、Stateが同一にも関わらず異なるUIを構築することは推奨されません。その場合、State以外の要素が入り込んでUIを構築していることになり、管理されていない状態が存在しているわけです。

状態からのみUIを構築することを理解したところで、ユーザーからの入力があった場合、どのような処理になるのでしょうか。ユーザーからの入力は基本的にUIであるViewで受け取ります。Viewが受け取ったユーザー入力をStateに反映させることになります（図4.1.3.2）。

図4.1.3.2：ViewからStateへ変換処理

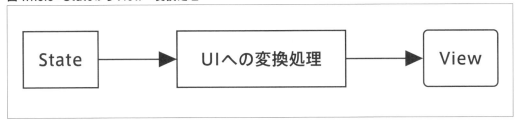

Stateに反映されたら、ViewはStateの射影であるため、下図に示す通り、自動的にView側にも反映されます（図4.1.3.3）。

図4.1.3.3：StateからViewへ変換処理

いずれのソフトウェアアーキテクチャパターンも基本はこの流れに沿います。上述の図での［Stateへの変換処理］と［UIへの変換処理］へのアプローチが違うだけです。想定しているアプリケーションの規模や実行環境によって、1機能に対するクラス数や各クラスの役割が変わってきます。

Chapter 4 | 状態管理

例えば、MVVM（Model-View-ViewModel）を紹介しましたが、このパターンでは[Stateへの変換処理]
をViewModelとModelが担当し、[UIへの変換処理]をViewModelが担当しています。Viewから伝わっ
たユーザー入力をViewModelが適切な形に変換してModelに伝えます。そして、Modelが出力する変
化したStateをViewModelがDataBindingと呼ばれる手法でUIに変換しています。

MVCやMVVMなど、Modelが管理する状態をViewに伝達することでUIを構築するソフトウェアアー
キテクチャパターンは数多く存在します。MVC登場から既に数十年が経つわけですから、ソフトウェ
ア開発の状況は大きく変わってきています。その変化に伴い、最適なソフトウェアアーキテクチャパター
ンが誕生したり、改善されたりしています。

それでは、数多く存在するソフトウェアアーキテクチャパターンからどれを選択すればよいのでしょう
か。決して「最新のものが最良なものに違いない、だから最近のものを選択しよう」などと安直に考え
てはいけません。それは、選択しようとするソフトウェアアーキテクチャパターンが想定する状況と、
開発するアプリケーションの状況とが合致しているか分からないからです。

ソフトウェアアーキテクチャパターンには、それぞれある程度装幀している状況があります。例えば、
開発アプリケーションの規模、開発メンバーの人数や熟練度です。これらを抜きに、ソフトウェアアー
キテクチャパターンを決めてもうまく機能しないかもしれません。
開発アプリケーションが小規模であるにも関わらず、大規模なアプリケーションを想定したソフトウェ
アアーキテクチャパターンを導入すると、1機能に対してやるべきことが多く、導入や実装に予想以上
の時間を要することがあります。逆に大規模アプリケーションに、小規模なアプリケーションを装幀し
たソフトウェアアーキテクチャパターンを導入すると、規模が大きくなった途端に設計が破綻すること
があり得ます。つまり、闇雲にソフトウェアアーキテクチャパターンを導入しても、開発における問題
が解決するとは限りません。現場の状況に合わせて、最適なソフトウェアアーキテクチャパターンを選
択する必要があるのです。

ソフトウェアアーキテクチャの基礎を学ぶことで、なぜソフトウェアアーキテクチャパターンが必要で
あり、どのような視点で選択すればよいのか分かるはずです。次節では、Flutterで一般的に利用され
ているソフトウェアアーキテクチャパターンを紹介します。

4-2

Scoped Model

本節ではScoped Modelを使った状態遷移アーキテクチャを解説します。Scoped Modelは本書で紹介するソフトウェアアーキテクチャパターンで最もシンプルなパターンであり、導入コストや学習コストも高くありません。Scoped Modelの利用に必要なライブラリの導入方法や簡単なサンプルと共に、その概要と優れている点を解説します。

4-2-1 Scoped Modelの全体像

Scoped ModelはFlutterでよく使われているソフトウェアアーキテクチャパターンの1つです。元々は、マイクロカーネルを採用しているOS、Google Fuchsiaの開発ソースコードで使われているパターンです。Flutter用ライブラリも公開されており、Google Fuchsiaから抽出したものと記述されています。

ソフトウェアアーキテクチャパターンとしてはシンプルにまとまっており、Flutterを学び始めていれば習得は容易なものです。主に取り扱うクラスは3つのみで、ライブラリのソースコードは1ファイルで300行弱と把握も容易です。Scoped Modelの各クラスにおけるデータのやり取りは、下図の通りです（図4.2.1.1）。

図4.2.1.1：Scoped Modelにおける各クラスのやり取り

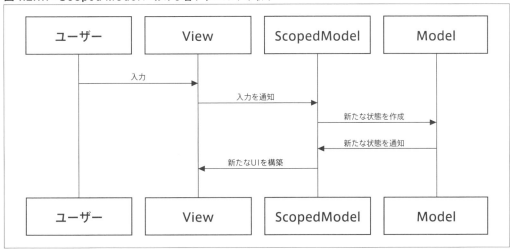

前図が示す通り、Scoped Modelでの流れは、ユーザーからの入力をViewが受け取り、Scoped Modelに通知します。通知を受けたScoped Modelは入力に合わせたModelのメソッドを実行します。Modelのメソッドは新しい状態を作成して、Scoped Modelに通知します。Scoped Modelは通知を受け取ると、新たなUIを構築することになります。

4-2-2 Scoped Modelでの実装

前項「4-2-1 Scoped Modelの全体像」でScoped Modelの簡単なデータの流れを紹介しましたが、実装コードを見ないことには分からないことも多々あります。本項では、簡単なサンプル実装と共に、その流れを追っていきましょう。

まずは、Flutter用のライブラリを導入します。下記コード例に示す通り、pubspec.yamlにライブラリを記述します（コード4.2.2.1）。続いて、flutter pub getコマンドを実行してライブラリを導入します。

コード4.2.2.1：ScopedModelライブラリの追加（pubspec.yaml）

```
dependencies:
 (中略)
 scoped_model: ^1.0.1
```

ソフトウェアアーキテクチャパターンの基本はModelが管理する状態をViewに反映することです。FlutterのScoped Modelライブラリでは、ScopedModelとScopedModelDescendantの2つのクラスを使ってModelの状態をViewに反映します（図4.2.2.2）。

図4.2.2.2：ScopedModelライブラリにおける各クラスのやり取り

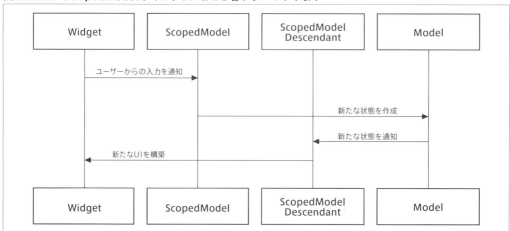

ModelはScopeModelライブラリが提供するModelクラスを継承して実装します（コード4.2.2.3）。

コード4.2.2.3：モデルの実装

```
class CounterModel extends Model {
  int _counter = 0;

  int get counter => _counter;

  void increment() {
    _counter++;

    notifyListeners();
  }
}
```

Modelの役割は状態を管理することです。上記のコード例では_counterがその状態に相当し、冒頭にアンダーバーを付与してprivateにすることで、Model以外から変更されることを防いでいます。もちろん、Viewには状態を伝えなくてはならないので、counterプロパティを用意してView側から読み取りを可能にしています。incrementメソッドが状態を変更するメソッドで、_counterの値を変更しています。変更後は、notifyListenersメソッドを実行して、状態の変更をView側に伝えています。
View側の実装は下記の通りです（コード4.2.2.4）。

コード4.2.2.4：Viewの実装

```
class CounterApp extends StatelessWidget {
  @override
  Widget build(BuildContext context) {
    return ScopedModel<CounterModel>(
      model: CounterModel(),
      child: Column(children: [
        ScopedModelDescendant<CounterModel>(
          builder: (context, child, model) => Text('${model.counter}'),
        ),
      ])
    );
  }
}
```

上記のコード例に示す通り、StatelessWidgetのbuildメソッドでScopedModelを生成します。ScopedModelの役割の1つはModelが持っている状態をウィジェットに変換することです。コード例では、ScopedModelDescendantを生成している箇所がその役割を担っています。ここではCounterModelのcounterプロパティをTextに変換しています。このままでは、ただ単に0を表示し続けるアプリに過ぎないため、1を足すボタンを追加しましょう。

Chapter 4 | 状態管理

コード4.2.2.5：ボタンを追加したウィジェットの実装

```
class Counter extends StatelessWidget {
  @override
  Widget build(BuildContext context) {
    return ScopedModel<CounterModel>(
      model: CounterModel(),
      child: Column(children: [
        ScopedModelDescendant<CounterModel>(
          builder: (context, child, model) -> Texl('${model.counter}'),
        ),
        ScopedModelDescendant<CounterModel>(
          builder: (context, child, model) => RaisedButton(
            onPressed: model.increment,
            child: Text('Plus Button'),
          ),
        ),
      ])
    );
  }
}
```

コード4.2.2.4と同様、Modelのメソッドを実行する場合もScopedModelDescendantを使っています。ScopedModelのもう1つの役割であるViewからの入力をModelに伝えているのがこの部分です。ボタンのタップでincrementメソッドが実行され、CounterModel内の_counterの値を更新して、先程のText生成部分からまたView側に反映できます。

以上が、Scoped Modelによるソフトウェアアーキテクチャパターンです。設計もコードもそれほど複雑ではないシンプルなアーキテクチャパターンです。はじめてアプリケーションを実装する際や、複雑ではないアプリケーション開発には最適なアーキテクチャパターンです。

4-3

Redux

本節では、Reduxによる状態遷移アーキテクチャを解説します。Reduxは比較的大規模なアプリケーションにも対応できるアーキテクチャパターンです。JavaScriptによるフロントエンド開発で一般的に使われるため、既に馴染みがあるかもしれません。

FlutterでもReduxの利用が可能で、Flutterに対応したReduxライブラリも用意されているので、実際に導入してサンプルの実装と共に説明しましょう。

4-3-1 Reduxの全体像

Reduxは、近年JavaScriptによるWebアプリケーションやモバイルのネイティブアプリケーションなど、さまざまな開発で利用されるアーキテクチャパターンの1つです。

Facebook社が提唱するFluxと呼ばれるアーキテクチャパターンをさらに発展させたものですが、その思想は、GUIアプリケーションの開発で複雑になりがちなデータの流れを1方向にまとめることです。データを1方向にするとはどういうことでしょうか。例えば、前節「4-2 Scoped Model」で紹介したデータの流れを振り返ってみましょう（図4.3.1.1）。

図4.3.1.1：Scoed Modelにおける各クラスのデータの流れ

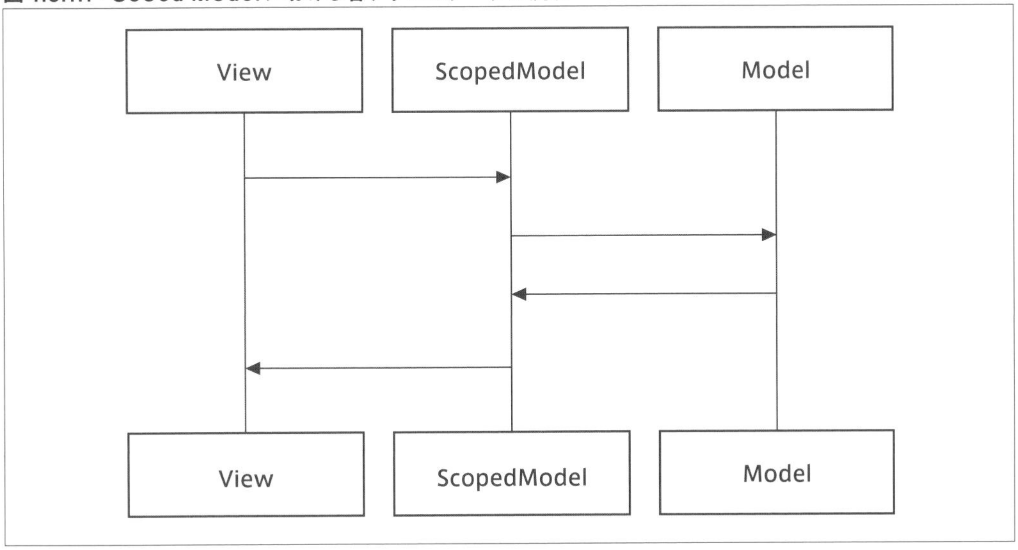

Scoped Modelのアーキテクチャパターンは、Viewからの入力をScoped Modelを経由してModelに伝え、Modelが持つ状態を変更し、変更された状態をScoped ModelがViewに反映させる流れです。しかし、改めて図示すると、Modelを経由せずにViewとScoped Modelだけでデータの流れができます。

前述の「4-1 状態管理の基本」で説明した通り、Modelの持つState以外の要素がViewに影響を与えてしまうと、状態管理が複雑になるため管理が困難になります。もちろん、アプリケーションを開発する開発者がしっかり気を付けていれば大丈夫ですが、仕様変更が頻発するなど開発者が疲弊することでコードの質が低下したり、納期が迫るなど実装を短縮しようとして、Model以外に状態を持たせてしまうことは多々あります。

Fluxではデータの流れを1方向にまとめることで、状態管理の複雑さを回避しようとしています。下図に、Fluxの全体図をまとめてみましょう（図4.3.1.2）。

図4.3.1.2：Fluxにおける各クラスのデータの流れ

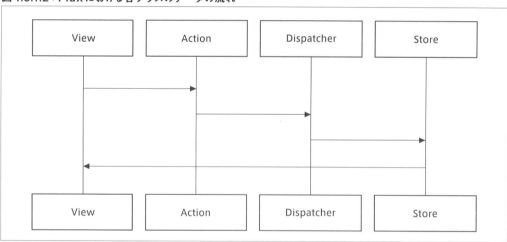

1つ1つの流れを追っていきましょう。

図4.3.1.3：FluxにおけるActionからDispatcher

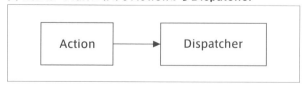

Actionクラスはユーザーの行動によって生成されるクラスです。例えば、どのページを閲覧したか、どのボタンをクリックしたかなどの情報を持ちます。このActionをDispatcherクラスに渡します。

図4.3.1.4：FluxにおけるDispatcherからStoreの流れ

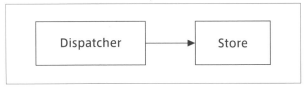

Dispatcherクラスは受け取ったActionを状態を管理するStoreクラスに渡します。Dispatcherはアプリケーション内でユニークな存在で、1つしか存在しません。Actionを受け取ったStoreは、Actionの内容から新たな状態であるStateを生成します。

図4.3.1.5：FluxにおけるStoreからViewの流れ

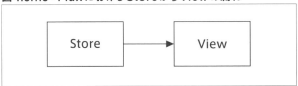

ViewはStoreから受け取ったStateからViewを構築します。そして、ユーザーの行動があればActionを生成して、またDispatcherに渡してStateを変更します。

以上の流れがFluxの基本です。Dispatcherはアプリケーション内でユニークな存在であることが特徴です。本節で解説するReduxは、Fluxをさらに分割して整理しています。Reduxに関しても、下図に示す全体像から流れを追っていきましょう（図4.3.1.6）。

図4.3.1.6：Reduxにおける各クラスのデータの流れ

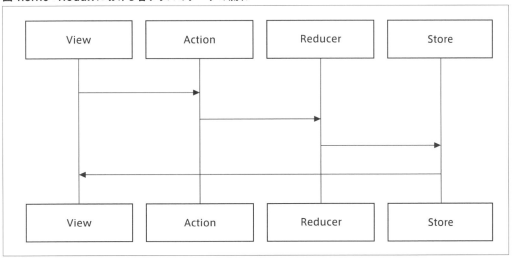

図4.3.1.7：ReduxのViewからReducerまでの流れ

ユーザー側の入力は、Fluxと同じくActionクラスを生成することで表します。FluxではDispatcherクラスにActionを渡していましたが、ReduxではReducerクラスに渡します。
Reducerの役割はActionの内容と現在の状態を読み取り、新しい状態を作成することです。ここで作られた新たな状態をStoreが保持することになります。

図4.3.1.8：ReduxにおけるReducerからStoreまでの流れ

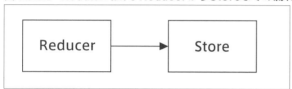

StoreはReducerによって変化する状態を保持します。ReduxではStoreはアプリケーション内でユニークな存在です。つまり、どの画面に遷移しても同じStore（同じ状態）を使います。
FluxではStoreが複数存在しても問題ありませんでしたが、Reduxでは1つだけです。

図4.3.1.9：ReduxにおけるStoreからViewまでの流れ

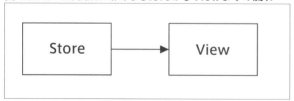

最後にStoreが持っている状態をViewに反映します。

以上が、Reduxアーキテクチャパターンの一連の流れです。特徴的なのは、Storeがユニークな存在であり、アプリケーション内でStoreのみが状態を管理していることです。Reduxの公式サイト[1]にも3原則の1つとして明記されています。
ReduxアーキテクチャパターンはFlutterにも導入できます。元来ReduxはFlutterが参考にしているReact.js利用されていたこともあり、Flutterでもよく使われているアーキテクチャパターンです。

1　https://redux.js.org/

4-3-2 Reduxでの実装

Reduxにおけるデータの流れが1方向であることに最初は戸惑うかもしれませんが、理解すると納得できるアーキテクチャパターンであることが分かります。しかし、アーキテクチャパターンは実際にコードを実装しないことには分からないことが多々あります。簡単なサンプル実装と共に、流れを追っていきましょう。

早速Flutter用のReduxライブラリを導入します。下記コード例に示す通り、pubspec.yamlにライブラリを追加して（コード4.3.2.1）、flutter pub getコマンドを実行してライブラリを導入します。

コード4.3.2.1：Reduxライブラリの導入（pubspec.yaml）

```yaml
dependencies:
  (中略)
  flutter_redux: ^0.5.3
```

まずは、アプリケーションの状態を表すStateクラスを定義します（コード4.3.2.2）。

コード4.3.2.2：状態の定義

```dart
class CounterState {
  final int counter;

  CounterState({
    this.counter
  });

}
```

ユーザーからの入力を表すActionを定義します（コード4.3.2.3）。

コード4.3.2.3：Actionの定義

```dart
class IncrementAction {
}
```

Chapter 4 | 状態管理

続いてReducerを定義します。Reducerは関数で、既に定義しているStateとActions.Incrementを引数として、新たなStateを返せば大丈夫です。今回定義するReducerは簡単なサンプルのため1つだけですが、複数を定義可能な形にします。まずは関数を定義しましょう。

コード4.3.2.4：Reducerの実装

```
CounterState counterReducer(CounterState state, IncrementAction action) {
  return CounterState(counter: state.counter + 1);
}
```

続いて、combineReducerでまとめます。

コード4.3.2.5：Reducerの登録

```
final reducers = combineReducers<CounterState>([
    TypedReducer<CounterState, IncrementAction>(counterReducer)
]);
```

本項はサンプル実装のため、combineReducersに登録するReducerが1つですが、実際には複数のReducerを登録することになります。

以上で、ActionからStoreへの処理の実装は完了です。

次は、ViewであるStatelessWidgetと繋げましょう。

コード4.3.2.6：StoreとViewの接続

```
class CounterScreen extends StatelessWidget {

  final Store<CounterState> store;
  final String title;
  CounterScreen({Key key, this.store, this.title}) : super(key: key);

  @override
  Widget build(BuildContext context) {
    return StoreProvider(
      store: store,
      child: MaterialApp(
        theme: ThemeData.dark(),
        title: title,
        home: Scaffold(
          appBar: AppBar(
            title: Text(title),
```

160

```
        ),
        body: Center(
          child: Column(
            mainAxisAlignment: MainAxisAlignment.center,
            children: [
              StoreConnector<int, String>(
                converter: (store) => store.state.toString(),
                builder: (context, count) {
                  return Text(
                    count,
                    style: Theme.of(context).textTheme.display1,
                  );
                },
              )
            ],
          ),
        ),
        floatingActionButton: StoreConnector<int, VoidCallback>(
          converter: (store) {
            return () => store.dispatch(IncrementAction());
          },
          builder: (context, callback) {
            return FloatingActionButton(
              onPressed: callback,
              tooltip: 'Increment',
              child: Icon(Icons.add),
            );
          },
        ),
      ),
    ),
  );
  }
}
```

上記コード例のStore<CounterState> storeがStore部分です。Storeの生成はmain関数でおこない、コンストラクタで注入できるようにしています。受け取ったStore部分とStoreConnectorを使ってウィジェット側に反映させています。

これがReduxによるソフトウェアアーキテクチャパターンです。前節で紹介したScoped Modelに比べると複雑なアーキテクチャパターンに見えますが、データを1方向にすることでデータの流れが分かりやすくなり、アプリケーション規模が大きくなればなるほどその真価を発揮します。規模の拡大が明らかである場合や、既にRedux導入の経験があるエンジニアが多い場合は使ってみましょう。

Chapter 4 | 状態管理

4-4

BLoC

本節ではBLoCによる状態遷移アーキテクチャを解説します。BLoCも前節で紹介したReduxと同様に、大規模アプリケーションにも対応できるアーキテクチャパターンです。Reduxとの違いは、Dartの言語的な特徴を最大限に利用していることです。したがって、単純で強力かつテスト可能なアーキテクチャパターンといえます。

4-4-1 BLoCの全体像

BLoC（Business Logic on Components）は、Flutterが誕生したことによって生まれたともいえるアーキテクチャパターンです。Google I/O 2018でも紹介され、実質Flutterにおけるアーキテクチャパターンのデファクトスタンダードになりつつあります。BLoCはDart言語の機能である**Stream**と**Sink**を使って実現されているので、まずはStreamとSinkを解説しましょう。

StreamとSink

StreamはDart上で非同期で複数の値を受け取るクラスです。リアクティブプログラミングであれば、Observableに近いものともいえるかもしれません。同様に非同期を扱うFutureクラスがありますが、こちらはまた用途が異なるものです。コード例からその相違を確認してみましょう。

Futureは時間を要する処理を実行して、準備ができたら値を返す仕組みです。そのコード例を下記に示します（コード4.4.1.1）。

コード4.4.1.1：Future関数

```
Future<int> heavy() async {
  var hoge = 0
  // 重い処理があると仮定
  return hoge;
}
```

async {} で囲まれた部分は非同期の処理となり、関数の呼び出し元ではそのまま処理が進んでいきます。async内でreturnで値を返すと、その関数はFuture<返した値の型>を返す関数となります。

また、関数の呼び出し元は、下記のコード例に示す通り、await構文やthenなどの関数でFutureの値を取得できます（コード4.4.1.2～4.4.1.3）。

コード4.4.1.2：async/await

```
void main() async {
  final result = await heavy();
  print(result);
}
```

コード4.4.1.3：then

```
void main() {
  heavy().then((v) {
    print(v);
  });
}
```

この通り、Futureは非同期で値を返す仕組みで、返す値は最後の結果のみです。一方、Streamは非同期で複数の値を返すことが可能です。コード例を下記に示します（コード4.4.1.4）。

コード4.4.1.4：Stream関数

```
Stream<String> hoge() async* {
  yield "hoge1";
  // 重い処理があると仮定
  yield "hoge2";
  // 重い処理があると仮定
  yield "hoge3";
}
```

Futureでは処理を**async**で囲みますが、**Stream**では**async***で囲みます。
また、値を返すのは**return**ではなく**yield**構文です。returnが1回しか値を返すことができないのに対して、yieldは何度でも値を返すことが可能です。yieldで返された値は、呼び出し元でlistenメソッドで取得できます。

Chapter 4 | 状態管理

コード4.4.1.5：listen

```
void main() {
  hoge().listen((str) {
    print(str);
  });
}
```

Sinkは汎用的なインタフェースで値を送るためのインタフェースです。メソッドは値を送るためのadd
と、これ以上送らないようにするためのcloseがあるのみです。このSinkを使って、Streamを作成で
きるのがStreamControllerです。コード例を下記に示します（コード4.4.1.6）。

コード4.4.1.6：StreamController

```
import 'dart:async';

void main() {

  final streamController = StreamController<String>();

  streamController.stream.listen((value) {
    print(value);
  });


  streamController.sink.add("hoge1");
  streamController.sink.add("hoge2");
  streamController.sink.add("hoge3");

}
```

StreamControllerはstreamとsinkの2つを持っています。sinkに対してaddメソッドを実行すると、
その内容がstreamのlistenメソッドのコールバックに流れてきます。リアクティブプログラミングに
例えると、Subjectに近いものと考えたほうが分かりやすいでしょう。
前述のyieldはasync*内でしか値を返せませんが、Sinkを持ったStreamControllerを使えば、外部か
らも値を送ることができるStreamの作成が可能になります。

このStreamController（さらに派生させたクラス）を使って状態を管理するのがBLoCアーキテクチャ
パターンです。状態は常にStreamで流れ、View側で発生したイベントをSinkで伝えます。

164

BLoCでのデータの流れ

BLoCでのデータの流れは、下図に示す通りです（図4.4.1.7）。
Presentation Componentは、FlutterにおけるウィジェットなどGUIを扱う部分のことです。
Business Logic Componentが状態を管理する部分です。BackendはWebAPIなどの通信先を表してます。

図4.4.1.7：BLoCにおける各クラスのデータの流れ

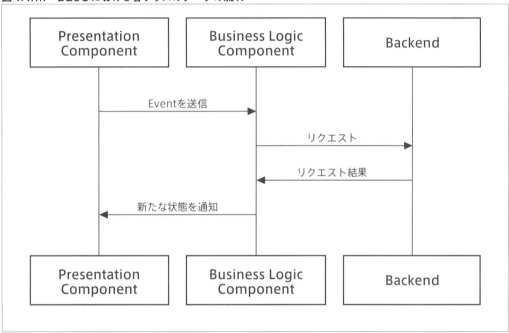

状態管理に関わる部分は、Presentation ComponentとBusiness Logic Componentです。この2つを中心に流れを追っていきましょう。

図4.4.1.8：Presentation ComponentからBusiness Logic Componentの流れ

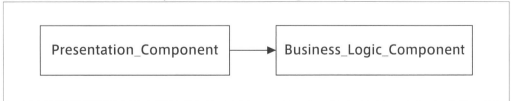

上図のPresentation Componentは、入力情報をもつEventオブジェクトをBusiness Logic

Componentに送ります。そして、Business Logic Componentは受け取ったEventの内容を判断します。Eventを判断したら、内容に応じて必要な処理を実行して、自らが持つプロパティを変更します。

図4.4.1.9：Business Logic ComponentからPresentation Componentの流れ

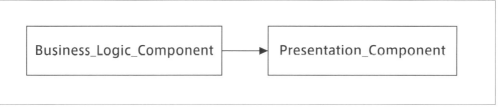

Business Logic Componentのプロパティが更新されると、Presentation Componentが更新を検知して新たなウィジェットを組み立てます。これがBLoCの基本的な一連の流れです。

4-4-2 BLoCでの実装

早速BLoCを導入しましょう。下記コード例に示す通り、pubspec.yamlにライブラリの追加を記述します（コード4.4.2.1）。記述後にflutter pub getコマンドを実行してライブラリを導入します。

コード4.4.2.1：BLoCライブラリの導入（pubspec.yaml）

```
dependencies:
  (中略)
  flutter_bloc: ^0.20.0
```

まずは、Business Logic Component部分から実装します（コード4.4.2.2）。

コード4.4.2.2：Business Logic Componentの実装（app.dart）

```
enum CounterEvent { increment }

class CounterBloc extends Bloc<CounterEvent, int> {
  @override
  int get initialState => 0;
  @override
  Stream<int> mapEventToState(CounterEvent event) async* {
    switch (event) {
      case CounterEvent.increment:
```

```
        yield currentState + 1;
        break;
    }
  }
}
```

上記コード例に示す通り、前項「4-4-1 BLoCの全体像」で紹介したEventを先にenumで定義します。状態を管理するCounterBlocは、ライブラリが提供するBlocクラスを継承します。継承する際に、enumで定義したEventと最終的な状態を表すクラスを指定する必要があります。

Blocクラスは、状態を表すプロパティinitialStateと、入力されたEventから新たな状態を作り出すメソッドmapEventToStateの2つを実装する必要があり、mapEventToStateが主なロジック部分となります。

CounterEvent.incrementが来ればinitialStateに1を加算しています。

コード4.4.2.3：Presentation Componentの実装（app.dart）

```
class CounterScreen extends StatelessWidget {
  @override
  Widget build(BuildContext context) {
    final CounterBloc counterBloc = BlocProvider.of<CounterBloc>(context);
    return Scaffold(
      appBar: AppBar(title: Text('Counter')),
      body: BlocBuilder<CounterBloc, int>(
        builder: (context, count) {
          return Center(
            child: Text(
              '$count',
              style: TextStyle(fontSize: 24.0),
            ),
          );
        },
      ),
      floatingActionButton: Column(
        crossAxisAlignment: CrossAxisAlignment.end,
        mainAxisAlignment: MainAxisAlignment.end,
        children: <Widget>[
          Padding(
            padding: EdgeInsets.symmetric(vertical: 5.0),
            child: FloatingActionButton(
              child: Icon(Icons.add),
              onPressed: () {
                counterBloc.dispatch(CounterEvent.increment);
              },
            ),
          ),
        ],
      ),
    );
```

```
    }
  }
```

上記コード例がPresentation Componentの部分です。

BlocBuilderが新たなウィジェットを組み立てている部分です。counterBloc.dispatchでCounterBlocにEventを渡しています。本来はもう少し複雑になりますが、ライブラリがある程度隠蔽しているため、かなりシンプルになっています。

iOSのデバイス切り替え

Androidは端末ごとにAndroidエミュレータを起動できるため、Android Studioには、使用可能なVirtual Deviceごとに選択肢が表示されます。しかし、iOSは細かい指定はできず、新たにiOSシミュレーターを起動するか、起動済みのiOSシミュレーターで実行するしか選択肢がありません。

しかし、画面解像度が異なるiPhone 8とiPhone 11での検証や、iPadOSでも確認したい場合、iOSシミュレーターのメニューから、複数のiOS／iPadOSのシミュレーターを起動できます。

図：iOSシミュレーターのメニュー画面

Android Studioでは、起動済みであれば複数のiOSシミュレーターを認識できるため、使用可能なVirtual Deviceごとに選択できるAndroidエミュレータと同様、iOSでも実行時の選択肢で実行先を変更することが可能です。

Chapter 5

ライブラリの実装

Flutterでアプリケーションを開発する際、
すべてのコードを開発者自身で実装することはありません。
例えば、Dart提供の標準APIは多くの開発者が作成し、
外部開発者が利用できる形で提供しているに過ぎません。
つまり、開発効率を向上させるには、自身で開発するのみならず、
外部のソースコードも積極的に利用することが重要です。

本章では、開発効率を向上させるために
Dartでのライブラリ作成を説明します。
また、各プラットフォーム固有の機能を実現する
ネイティブコード実装によるライブラリ作成も説明します。

5-1

パッケージ

本節では、DartならびにFlutterでのパッケージの利用方法を説明します。ここでのパッケージとは、ライブラリまたはツールとして公開されているソフトウェアのことを指します。「Dart Packages」[1]（Pub site）からダウンロードすることで利用可能になります。また、各パッケージのバージョン管理などの依存性は、pub tool[2]を利用することで解決可能です。

5-1-1 パッケージの最小構成

パッケージ（ライブラリ）の最小構成要素を確認しましょう。下記に示す通り、pubspec.yamlファイルとlibディレクトリが最小構成単位です。

コード5.1.1.1：パッケージの構成要素

```
root directory/
├── lib
│   └── file.dart
└── pubspec.yaml
```

pubspec file

pubspec.yamlファイルは、作成するプロジェクトがアプリケーションであっても、ライブラリであっても差異はありません。pubspec.yamlでは、ライブラリのバージョン管理、また公開されていないライブラリを参照することも可能です。

lib directory

ライブラリのコードは、libディレクトリ以下に配置し、他のライブラリからも参照可能な状態になっています。libディレクトリ以下の階層構造に制限はありませんが、慣習的にlib/src配下のソースコードはprivateと見なされます。

---

1 https://pub.dev/
2 https://dart.dev/tools/pub/cmd

shelfライブラリを参考に具体的な構造を確認してみましょう。下記がshelfライブラリ内のファイル構造です（コード5.1.1.2）。

コード5.1.1.2：shelfライブラリの構成

```
shelf-root-directory/
├── example
│   └── example_server.dart
├── lib
│   ├── shelf_io.dart
│   ├── shrelf.dart
│   └── src
│       ├── body.dart
│       ├── cascade.dart
│       ├── handlers
│       │   └── logger.dart
│       .
│       .
│       └── util.dart
├── pubspec.yaml
├── test
│   └── a_variety_of_tests
└── tool
    └── travis.sh
```

lib/shelf.dartはすべての公開APIを保持しています。このファイルをインポートすることで、ライブラリすべての機能が利用可能です。shelf.dartでは、lib/src以下のプライベートなディレクトリ群をエクスポートし、外部から利用可能な状態としています。

コード5.1.1.3：exportによるディレクトリの公開

```
export 'src/cascade.dart';
export 'src/handler.dart';
export 'src/handlers/logger.dart';
export 'src/hijack_exception.dart';
export 'src/middleware.dart';
export 'src/pipeline.dart';
export 'src/request.dart';
export 'src/response.dart';
export 'src/server.dart';
export 'src/server_handler.dart';
```

また、libディレクトリは、srcディレクトリ以外のインポート可能なライブラリを含むことが可能です。例えば、shelf_io.dart[3]を参照すると、dart:ioからのHttpRequestオブジェクトをハンドリングしています。

3　https://github.com/dart-lang/shelf/blob/master/lib/shelf_io.dart#L32

実際に、アプリケーションからパッケージをインポートするには、**package:**ディレクティブに続いて、パッケージ名とパッケージURIを記述します。また、インポートにはpackage:ディレクティブによる指定ではなく、相対パスで指定する方法もあります。下記のディレクトリ構成であるプロジェクトでパッケージをインポートする場合を例に紹介します。

コード5.1.1.4：my_packageの構成

```
my_package/
├── web
│   └── main.dart
├── lib
│   └── foo
│   │   ├── a.dart
│   │   │
│   └── bar
│       ├── b.dart
│       .
│
.
```

main.dart内からパッケージの./lib/foo/a.dartをインポートする場合、パッケージ名とパッケージURIで、インポート先を指定可能です。下記にコード例を示します（コード5.1.1.5）。

コード5.1.1.5：package:ディレクティブでのインポート（main.dart）

```
import `package:my_package/foo/a.dart`;
```

また、./lib/bar/b.dart内からライブラリのa.dartをインポートする場合は、相対パスでインポートすることも可能です。下記にコード例を示します（コード5.1.1.6）。

コード5.1.1.6：ライブラリ内での相対パスによるインポート（b.dart）

```
import `../foo/a.dart`;
```

ちなみに、package:ディレクティブを利用する場合は、import 'package:my_package/foo/a.dart'となります。

5-1-2 パッケージの種類

パッケージには、以下の2つの種類があります。

- Dartパッケージ
- Pluginパッケージ

Dartパッケージは、Dart言語のみで記述されているライブラリを指します。一方、Pluginパッケージは、Dart言語のみならず、各プラットフォーム（iOS・Android）固有の実装を含むライブラリを指します。具体的な違いは、後述の「5-2 パッケージの実装」で説明しますが、Flutterが提供していないOS固有の機能を利用したい場合は、Pluginパッケージの実装が必要になります。

Dartパッケージの代表的な例は、ウィジェットのみを利用したパッケージです。例えば、画面表示に利用するコンポーネントをパッケージ化したい場合、いくつかのウィジェットを利用することになります。つまり、Flutterの基本コンポーネントであるウィジェットのみを利用したパッケージは、Dartのみの記述になるため、Dartパッケージになります。

Pluginパッケージの代表的な例は、外部へのシェア機能を提供するパッケージです。外部へのシェア機能は、iOSではShare Extension（シェアエクステンション）、AndroidではShare Action（シェアアクション）と呼ばれます。いずれの実装もプラットフォーム固有のAPIを利用して実装されているため、Dartのみの記述では各プラットフォームのシェア機能を利用できません。
そのため、Pluginパッケージでは各プラットフォームの実装を追加する必要があります。ただし、Pluginパッケージを利用する開発者はDartを利用しているため、外部に公開するAPIはDart言語のみになります。各プラットフォームとDart言語を繋ぐ仕組みは、後述の「5-2-2 Platform Channel」を参照してください。

Chapter 5 | ライブラリの実装

5-2

パッケージの実装

本節では、パッケージを実装する手順を具体的に説明します。前節で紹介した通り、パッケージには、DartパッケージとPluginパッケージがあり、それぞれ作成手順が異なります。

5-2-1 Dartパッケージ

Dartパッケージ作成の手順は以下です。順を追って説明しましょう。

- Step1 Dartパッケージ生成
- Step2 Dartパッケージ実装

Step1 Dartパッケージの生成

サンプルのDartパッケージであるhelloパッケージを考えてみましょう。helloパッケージを生成するには、以下のコマンドを実行します（コード5.2.1.1）。

コード5.2.1.1：helloパッケージの作成（コマンド）

```
$ flutter create --template=package hello
```

パッケージを生成する際には、**flutter create**コマンドに**--template=package**のオプションを付与する必要があることを忘れないでください。上記のコマンドを実行すると、helloディレクトリ以下に2つのクラスが生成されます。

1. lib/hello.dart
2. test/hello_test.dart

lib/hello.dartには、外部に公開する実装を記述します。Dartのみの記述になります。
test/hello_test.dartには、Unitテストを記述します。Unitテストの詳細は、「Chapter 7 開発の継続」を参照してください。

174

Step2 Dartパッケージの実装

Dartパッケージの作成には、lib/hello.dartに必要な実装を追加する必要があります。また、実際にパッケージを作成する際には、単一ファイルではなく複数ファイルを利用することになるので、libディレクトリ以下にファイルを配置しましょう。

Dartパッケージを外部に公開する場合、Dart SDKに含まれるパッケージ管理ツール「pub」で管理されます。そのため、Flutterプロジェクトルートのpubspec.yamlでバージョンが管理されます。例えば、helloパッケージを作成する場合は、下記の通り、記述します（コード5.2.1.2）。

コード5.2.1.2：helloパッケージの依存性記述

```
dependencies
  hello: ^0.12.0+2
```

利用するプロジェクト側のpubspec.yamlに依存性を記述して、flutter pub getコマンドを実行することで、lib/hello.dartへのアクセスが可能になります。
利用したいファイル内で **import 'package:hello/hello.dart'** とimportすることでファイル内での利用が可能になります。

なお、テストに関しては、testディレクトリ以下に配置します。複数ファイルにまたがる場合は、ファイル名が**test/<lib/filename>_test.dart** となるようにファイルを作成します。

5-2-2 Platform Channel

前項「5-2-1 Dartパッケージ」では、Dartパッケージの作成に関して説明しました。続いてPluginパッケージですが、具体的なPluginの説明に入る前に、Platform Channelの概念を説明します。

Flutterは、iOS／Android上で利用されるプラットフォーム固有のAPIに対応するため、Platform Channelと呼ばれる柔軟なシステムを持っています。Platform Channelはコード生成ではなく、メッセージパッシングによるモデルを利用しています。

Flutter側で何らかの機能が呼び出されると、FlutterはPlatform Channelを介してホストに対してメッセージを送信します。一方、ホスト側はPlatform Channelにメッセージが届いてないかを監視してお

り、メッセージが届けば受け取ります。Flutter側からのメッセージを受け取り次第、ホスト自身のプラットフォーム固有(iOS/Android)のAPIを実行し、実行した結果をFlutter側に返します。

次図は、より詳細なアーキテクチャを図示したものです(図5.2.2.1)。Platform Channelを利用した、メッセージングの仕組みはユーザー操作を妨げないために、非同期処理となっています。

図5.2.2.1：Platform Channelの全体像[1]

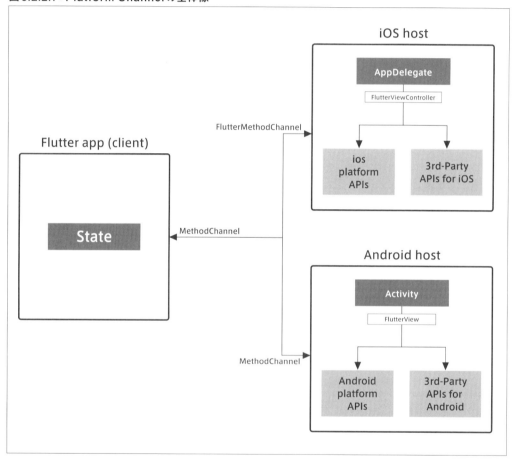

Flutter側ではMethodChannelクラスを利用して、ホストに対してリクエストを送信します。一方、ホスト側は、AndroidではMethodChannelクラス、iOSではFlutterMethodChannelクラスを利用して、Flutterからのリクエストを受け取りその結果を返します。これらのクラスが存在するおかげで、開発者はボイラープレート(定型句的なコード)を記述せずに済みます。

---

[1] https://flutter.dev/docs/development/platform-integration/platform-channels

Platform Channelにおけるデータ送受信

Flutterと各プラットフォーム（iOS／Android）は、Platform Channel上でバイナリーデータをやり取りします。そのためデータ通信時には、シリアライズとデシリアライズが必要になります。ここでのシリアライズとはバイナリーデータへの変換、デシリアライズとはFlutter／iOS／Androidのデータ構造に変換することを意味しています。

次表にあげるデータ構造は、Platform Channelが利用するStandardMessageCodecクラスによって自動的な変換が実行されます（表5.2.2.2）。そのため、各プラットフォームでのデータ送受信に自動変換されるため、シリアライズ／デシリアライズの処理を用意する必要はありません。

表5.2.2.2：StandardMessageCodecによる自動変換

Dart	Android	iOS
null	null	nil (NSNull when nested)
bool	java.lang.Boolean	NSNumber numberWithBool:
int	java.lang.Integer	NSNumber numberWithInt:
int, if 32 bits not enough	java.lang.Long	NSNumber numberWithLong:
double	java.lang.Double	NSNumber numberWithDouble:
String	java.lang.String	NSString
Uint8List	byte[]	FlutterStandardTypedData typedDataWithBytes:
Int32List	int[]	FlutterStandardTypedData typedDataWithInt32:
Int64List	long[]	FlutterStandardTypedData typedDataWithInt64:
Float64List	double[]	FlutterStandardTypedData typedDataWithFloat64:
List	java.util.ArrayList	NSArray
Map	java.util.HashMap	NSDictionary

5-2-3 Pluginパッケージ

前項「5-2-2 Platform Channel」では、Platform Channelを説明しましたが、本項ではPluginパッケージの作成・実装方法を説明します。手順は下記の通りです。

- Step 1 Pluginパッケージ生成
- Step 2 Pluginパッケージ実装
  - Step 2a 公開APIの定義
  - Step 2b Androidの実装
  - Step 2c iOSの実装
  - Step 2d 各プラットフォームへの接続

前述のDartパッケージと比較すると、大きな違いがあるのはAndroid／iOSの実装が追加されていることです。手順に沿って説明しましょう。

Step 1 Pluginパッケージの生成

サンプルのPluginパッケージであるhelloパッケージを題材に説明します。helloパッケージを生成するには、次に示すコマンドを実行します。

> コード5.2.3.1：Pluginパッケージの生成（コマンド）

```
$ flutter create --org com.example --template=plugin hello
```

Pluginパッケージを生成する際には、**--template=plugin**オプションを忘れずに付与してください。前述のDartパッケージの場合には、**--template=package**を指定しましたが、Pluginパッケージの場合、**plugin**を指定します。

また、上記コマンド例で分かる通り、オプションでドメインを追加することも可能です。ドメイン名は慣例的に、**com.your-company-name**と逆順に記述します。このドメインは、コマンド実行後に自動で生成されるiOS／Androidのパッケージ名としてさまざまな場所で利用されます。

上記のflutter createコマンドを実行すると、helloディレクトリ以下に複数のファイルが生成されます。

1. lib/hello.dart
2. android/src/main/java/com/example/hello/HelloPlugin.java
3. ios/Classes/HelloPlugin.m
4. example/

1のlib/hello.dartはDartパッケージと同じく、外部に公開するパッケージとしてのAPIを実装します。2はFlutter側から受け取ったメッセージに対応するAndroid固有の実装を記述し、3はFlutter側から受け取ったメッセージに対応するiOS固有の実装を記述します。

また、4にはFlutterのサンプルアプリケーションを記述します。基本的には、hello.dartで公開するAPIを利用します。

Pluginパッケージの標準指定では、iOSはObjective-C、AndroidはJavaを利用します。iOSではSwift、AndroidではKotlinを利用したい場合は、下記に示すコマンドに変更します（コード5.2.3.2）。-iオプションはiOSで利用する言語を指定し、-aオプションはAndroidで利用する言語を指定します。

5-2 パッケージの実装

コード5.2.3.2：SwiftやKotlinを利用する場合（コマンド）

```
$ flutter create --template=plugin -i swift -a kotlin hello
```

上記のコマンドを実行すると次のログが出力され、helloプラグインが生成されます。

コード5.2.3.3：helloプラグインの生成（コマンドログ）

```
Creating project hello...
  hello/LICENSE (created)
  hello/ios/hello.podspec (created)
  hello/ios/.gitignore (created)
  hello/ios/Assets/.gitkeep (created)
  hello/test/hello_test.dart (created)
  hello/hello.iml (created)
  hello/.gitignore (created)
  hello/.metadata (created)
  hello/android/settings.gradle (created)
  hello/android/.gitignore (created)
  hello/android/gradle.properties (created)
  hello/android/src/main/AndroidManifest.xml (created)
  hello/android/build.gradle (created)
  hello/android/hello_android.iml (created)
  hello/android/src/main/kotlin/com/example/hello/HelloPlugin.kt (created)
  hello/pubspec.yaml (created)
  hello/README.md (created)
  hello/ios/Classes/HelloPlugin.m (created)
  hello/ios/Classes/SwiftHelloPlugin.swift (created)
  hello/ios/Classes/HelloPlugin.h (created)
  hello/lib/hello.dart (created)
  hello/.idea/runConfigurations/example_lib_main_dart.xml (created)
  hello/.idea/libraries/Flutter_for_Android.xml (created)
  hello/.idea/libraries/Dart_SDK.xml (created)
  hello/.idea/modules.xml (created)
  hello/.idea/workspace.xml (created)
  hello/CHANGELOG.md (created)
```

また、上記コマンドを実行すると、flutter packages getを自動的に実行し、必要なライブラリをダウンロードします。パッケージ作成に問題なければ、以下が出力されます。

コード5.2.3.4：flutter packages getの自動実行（コマンドログ）

```
All done!
[✓] Flutter is fully installed. (Channel stable, v1.5.4-hotfix.2, on Mac OS X 10.13.6
17G7024, locale ja-JP)
[✓] Android toolchain - develop for Android devices is fully installed. (Android SDK
```

Chapter 5

```
version 28.0.3)
[✓] iOS toolchain - develop for iOS devices is partially installed; more components are
available. (Xcode 9.2)
[✓] Android Studio is fully installed. (version 3.4)
[✓] VS Code is partially installed; more components are available. (version 1.22.2)
[✓] Connected device is not available.
```

最後に、**lib/hello.dart** ファイルが作成されていることを確認しましょう。

Step 2 Pluginパッケージの実装

Pluginパッケージ作成後は、具体的な実装に入ります。

Step 2a 公開APIの定義

lib/hello.dartは、Dartのみで記述されたファイルです。外部に公開するAPIとしての役割を果たします。

Step 2b Androidの実装

Step 2aに記述された機能要件をAndroid上で実現するため、Android固有の実装を記述します。実装にはAndroid Studioを利用します。
Android Studioの設定方法を説明します。ちなみに、Android Studioの参照機能を利用するためには、下記コマンド例に示す通り、Flutterアプリを少なくとも一度はビルドしておく必要があります（コード5.2.3.5）。ビルド完了後は次に進みましょう。

コード5.2.3.5：アプリのビルド (コマンド)

```
$ cd hello/example; flutter build apk
```

1. Android Studioの起動
Android Studioを起動し、[Open an existing Android Studio project] をクリックして、既に存在するプロジェクトを選択します（図5.2.3.6）。

2. プロジェクトの選択
実際に作成したプラグインを動作させる他サンプルプロジェクトを指定するため、**hello/example/android** を選択します（図5.2.3.7）。

図5.2.3.6：Android Studioの起動

図5.2.3.7：プロジェクトのインポート

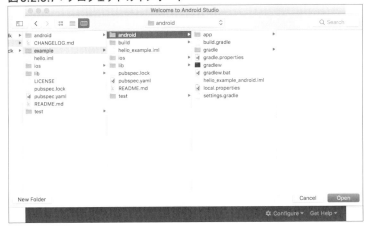

3. 依存性の解決

次図に示す黒枠で囲んでいる［Gradle Sync］ボタンをクリックして依存性を解決します。初回はAndroid Studioが自動で同期を実行してくれます。appディレクトリとhelloディレクトリが確認できます（図5.2.3.8）。

appディレクトリは、作成したプラグインを参照する検証用のディレクトリです。helloディレクトリは、具体的なプラグインを実装するディレクトリです。

プラグインのデフォルトパスは、**android/src/main/kotlin/com/example/hello/HelloPlugin.kt**です。プラグイン生成時に、Kotlinを指定するオプションを追加していない場合は、**android/src/main/java/com/example/hello/HelloPlugin.java** になります。

図5.2.3.8：依存性の解決

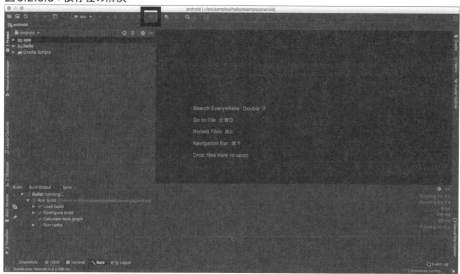

以上で、Androidの固有の実装が可能になります。具体的な実装例は「5-2-4 Pluginパッケージの実装例」で説明します。

Step 2c iOSの実装

Step 2bのAndroidと同様です。Step 2aで記述された機能要件をiOS上で実現するためにiOS固有の実装を記述します。実装は**ios/Classes/HelloPlugin.m**に記述します。

実装にはXcodeを利用します。Xcodeで参照機能を利用するため、下記の通り、Flutterアプリを少なくとも一度はビルドします（コード5.2.3.9）。ビルド完了後は次に進みます。

コード5.2.3.9：Flutterアプリのビルド（コマンド）

```
$ cd hello/example; flutter build ios --no-codesign
```

Xcodeを起動して、Xcodeのメニューから[File]→[Open]を開いて、**hello/example/ios/Runner.xcworkspace**を選択します（図5.2.3.10）。

以上で、iOS固有の実装が可能になります。具体的な実装例は「5-2-4 Pluginパッケージの実装例」で説明します。

図5.2.3.10：Xcodeの起動

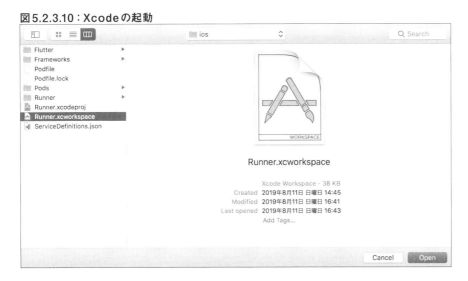

Step 2d 各プラットフォームへの接続

Step 2aで作成したDartで記述したAPIと、iOS／Androidそれぞれのコードを連携します。連携するには、前述のPlatform Channelの仕組みを利用します。

5-2-4 Pluginパッケージの実装

前項でPluginパッケージ実装の環境設定を説明しましたが、本項では具体的なコードを紹介します。前項と同様helloプロジェクトを例に説明を進めます。
FlutterプロジェクトであるhelloプロジェクトをAndroid Studioで開きます。**hello/lib/hello.dart**の名で存在するファイルにiOS／Androidと連携する定義を記述して、データ送受信を可能にします。

コード5.2.4.1：hello.dart

```dart
class Hello {
  static const MethodChannel _channel =
      const MethodChannel('hello');

  static Future<String> get platformVersion async {
    final String version = await _channel.invokeMethod('getPlatformVersion');
    return version;
  }
}
```

Chapter 5 | ライブラリの実装

「5-2-2 Platform Channel」で説明したPlatform Channelは、Method Channelの機構を利用します。デフォルトではhello識別子をコンストラクタに与え、Method Channelのインスタンスを生成しています。上記のコード例では、このChannelを利用し、**getPlatformVersion**としてデータをメッセージングしています（コード5.2.4.1）。

具体的には、**invokeMethod**を呼び出して、引数として**getPlatformVersion**を渡すことで、iOS／Android側にデータを送信します。
続いて、各プラットフォームの詳細を説明しましょう。

Android

まずは、Android側の処理を見ていきましょう。自動生成されたHelloPluginは、helloディレクトリ内に生成されます。自動生成されたHelloPlugin.ktを次のコード例に示します（コード5.2.4.2）。

コード5.2.4.2：自動生成されたHelloPlugin.kt

```
class HelloPlugin: MethodCallHandler {
  companion object {
    @JvmStatic
    fun registerWith(registrar: Registrar) {
      val channel = MethodChannel(registrar.messenger(), "hello")
      channel.setMethodCallHandler(HelloPlugin())
    }
  }

  override fun onMethodCall(call: MethodCall, result: Result) {
    if (call.method == "getPlatformVersion") {
      result.success("Android ${android.os.Build.VERSION.RELEASE}")
    } else {
      result.notImplemented()
    }
  }
}
```

Pluginプロジェクトを生成すると、FlutterとAndroidの連携部分が自動生成されます。具体的には、HelloPluginインスタンスを登録するメソッド（registerWith）がFlutter側で自動的に呼ばれます。これにより、FlutterとAndroidが相互にデータ送受信できる状態になります。

onMethodCallは**MethodCallHandler**インターフェースが持つメソッドです。**MethodChannel** クラス内で呼び出され、Flutterとネイティブ間でバイナリデータの送受信が発生した際に呼び出されます。より簡潔に説明すると、hello.dart内でMethod Channelを利用して呼び出すと、HelloPlugin.ktの**onMethodCall**が呼び出されます。引数のMethodCallはmethodプロパティを持ち、hello.dart

184

のinvokeMethodの第1引数であるgetPlatformVersionと一致します。
Android側での処理が終われば、Flutterに結果を返します。その際には**onMethodCall**の第2引数のResultを利用します。Flutter側のリクエストに対するレスポンスを定義し、**result#success()**の引数に結果を返します。

以上で、hello.dart側は結果を受け取ることが可能になります。

iOS

iOSもAndroidと同じ流れです。iOSではプラグイン生成時に言語オプションでSwiftを指定しているため、SwiftHelloPlugin.swiftクラスが自動生成されます。**hello/ios/Classes**以下に作成されます。Xcode内では**Pods Development/hello**からSwiftHelloPlugin.swiftを参照できます（図5.2.4.3）。

図5.2.4.3：SwiftHelloPlugin.swiftの場所

Pluginプロジェクトを生成すると、FlutterとiOSの連携部分が自動生成されます。

具体的には、**SwiftHelloPlugin**インスタンスを登録するメソッド（register）がFlutter側で自動的に呼ばれます。これでFlutterとiOSが相互にデータ送受信できる状態になります。

SwiftHelloPlugin#handleはFlutterPluginが持つメソッドです。Flutterとネイティブ間でバイナリーデータの送受信が発生した際に、**FlutterChannels**を介して呼び出されます。

Chapter 5 ｜ ライブラリの実装

コード5.2.4.4：SwiftHelloPlugin.swift

```swift
public class SwiftHelloPlugin: NSObject, FlutterPlugin {
  public static func register(with registrar: FlutterPluginRegistrar) {
    let channel = FlutterMethodChannel(name: "hello", binaryMessenger: registrar.
messenger())
    let instance = SwiftHelloPlugin()
    registrar.addMethodCallDelegate(instance, channel: channel)
  }

  public func handle(_ call: FlutterMethodCall, result: @escaping FlutterResult) {
    switch call.method {
    case "getPlatformVersion":
        result("iOS " + UIDevice.current.systemVersion)
    default:
        result("not implemented.")
    }

  }
}
```

hello.dart内でMethod Channelを利用した呼び出しを行えば、SwiftHelloPlugin.swiftの**handle**
メソッドが呼び出されます。引数のFlutterMethodCallはmethodプロパティを持ち、hello.dartの
invokeMethodの第1引数である**getPlatformVersion**と一致します。
iOS側の処理が終わればFlutterに結果を返します。その際には、**handle**の第2引数のFlutterResult
を利用します。Flutter側のリクエストに対するレスポンスを定義し、**result()**の引数に結果を返します。

上記でhello.dart側は結果を受け取ることが可能になり、Plugin開発の基本的な実装が可能となります。

5-2-5 Flutter Pluginの利用

本節ではPluginパッケージを詳しく説明しましたが、本項では既に公開されているPluginパッケージ
を紹介します。 pub.dev[2]では、[FLUTTER] [WEB] [ALL]にカテゴライズされて、Dart／Pluginパッ
ケージが公開されています。
本項では、Flutterの開発チームが公開しているPluginを参考に、その利用方法を簡単に説明します。
なお、Flutterチームが公開しているPluginは、公式リポジトリの[plugins][3]を参考にしてください。

2　https://pub.dev/flutter
3　https://github.com/flutter/plugins

Pluginを利用する際の注意点はプラットフォーム特有のものですが、特に以下の2点に注意するとよいでしょう。

1. パーミッションの追加
2. 外部サービス利用時の設定ファイル追加

詳細に見ていきましょう。

1. パーミッションの追加

Flutter公式のカメラPluginを参考にしてみましょう。カメラ機能は次の項目を実現するものです。

- カメラのプレビュー機能
- 写真撮影とファイル保存
- 録画機能
- 画像ファイルへのアクセス

カメラ機能自体は一般的なものであるため、iOS／Androidそれぞれのフレームワークでの実装で、異なるのは権限の部分です。

Androidでは、Pluginパッケージ内に権限付与の実装が施されているため、新たに実装する必要はありません（OSバージョンの追記は必要です）。iOSの場合は、Info.plistにパーミッションの記述（カメラの利用権限／マイクロフォンの利用権限）を明記する必要があります。

コード5.2.5.1：ios/Runner/Info.plist

```
<key>NSCameraUsageDescription</key>
<string>Can I use the camera please?</string>
<key>NSMicrophoneUsageDescription</key>
<string>Can I use the mic please?</string>
```

iOSではカメラの利用とマイクロフォンの利用はアプリケーション固有であるため、追加で実装する必要があります。Plugin利用時に、iOS／Androidで追加実装が必要になることは多々あるため、忘れないようにしましょう。

Chapter 5 | ライブラリの実装

2. 外部サービス利用時の設定ファイルの追加

iOS ／ Androidで外部サービスと連携するケースでは、外部サービスの設定ファイル情報などをアプリケーションごとに設定する必要があります。今回は、Flutterが連携を進めているFirebaseを外部サービスとして利用する場合を例に説明します。

Firebaseは、MBaaS（Mobile Backend As a Service）と呼ばれるプラットフォームです。モバイルアプリ開発をサポートするさまざまなツールが提供されており、高速かつ高品質なアプリケーション開発が可能になります。

Flutter公式のFirebase Auth[4]を例に説明しましょう。

Firebase Authentication[5]はFirebaseが提供するサービスの1つで、セキュアな認証機能を提供しています。Web ／ iOS ／ AndroidそれぞれのSDKが用意されており、複雑になりやすい認証機能を容易に開発できる仕組みを提供しています。

Firebase Authは、Firebase Authenticationの機能をそのままFlutterで利用可能にしたPluginパッケージです。Firebase AuthenticationをiOS ／ Androidでの実装に必要な手順をそのまま利用します。Android側での実装は下記の通りです（コード5.2.5.2〜5.2.5.3）。

Gradleと呼ばれるAndroidで利用ライブラリの依存性を記述するファイルです。記述するバージョンは、Firebase Authのバージョンを確認しましょう。

コード5.2.5.2：/android/build.gradle（Android）

```
dependencies {
  // Example existing classpath
  classpath 'com.android.tools.build:gradle:3.2.1'
  // Add the google services classpath
  classpath 'com.google.gms:google-services:4.2.0'
}
```

コード5.2.5.3：/android/app/build.gradle（Android）

```
// ADD THIS AT THE BOTTOM
apply plugin: 'com.google.gms.google-services'
```

iOSでは、次のコード例に示す通り、設定ファイルに記載されている情報を**CFBundleURLTypes**に追加することで、Flutterから実行できます。

---

4 https://github.com/FirebaseExtended/flutterfire/tree/master/packages/firebase_auth
5 https://firebase.google.com/docs/auth?hl=ja

コード5.2.5.4：ios/Runner/Info.plist

```
<!-- Put me in the [my_project]/ios/Runner/Info.plist file -->
<!-- Google Sign-in Section -->
<key>CFBundleURLTypes</key>
<array>
    <dict>
        <key>CFBundleTypeRole</key>
        <string>Editor</string>
        <key>CFBundleURLSchemes</key>
        <array>
            <!-- TODO Replace this value: -->
            <!-- Copied from GoogleService-Info.plist key REVERSED_CLIENT_ID -->
            <string>com.googleusercontent.apps.861823949799-
vc35cprkp249096uujjn0vvnmcvjppkn</string>
        </array>
    </dict>
</array>
<!-- End of the Google Sign-in Section -->
```

Flutter Pluginを利用する際には、iOS／Androidの各プラットフォーム固有の追加実装が発生することが多々ありますが、問題が発生した場合は、フレームワーク固有の実装を参考にすると解決できることも多いでしょう。

5-3 パッケージの公開

前述の「5-1 パッケージ」と「5-2 パッケージの実装」では、DartパッケージとPluginパッケージの具体的な実装を説明しましたが、本項ではパッケージとして公開する手順を説明します。

5-3-1 APIドキュメントの作成

パッケージを公開するには、必ずAPIドキュメントを用意する必要があります。これはパッケージを利用する開発者が、提供されているAPIの利用を容易にするためです。

APIドキュメントは、自動生成され**dartdocs.org**に公開されます[1]。下図は、Flutterチームが開発している公開パッケージ[2]の例です。

図5.3.1.1：APIドキュメントの例

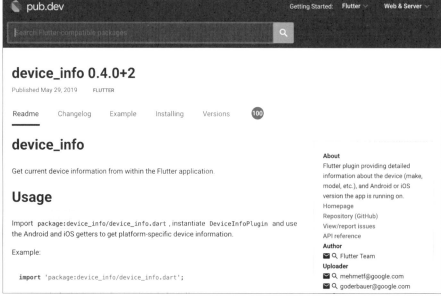

---

1 dartdocs.orgはhttps://pub.dev/にリダイレクトされます。
2 https://pub.dev/packages/device_info

公開パッケージには、ドキュメントとして、README、バージョンごとの変更履歴、サンプルプロジェクトの紹介、インストール方法などが記載されています。

実際にパッケージを公開する場合は、開発環境でAPIドキュメントを確認する必要があるため、以下の手順に従います。

1. パッケージのディレクトリに移動する
2. Flutter SDKの場所をドキュメンテーションツールに教える
3. dartdocを実行する

それでは、順番に見ていきましょう。

1. パッケージのディレクトリに移動する

開発しているパッケージプロジェクトのルートに移動します。

コード5.3.1.2：パッケージプロジェクトのルートに移動（コマンド）

```
$ cd ~/dev/mypackage
```

2. Flutter SDKの場所をドキュメンテーションツールに教える

環境変数**FLUTTER_ROOT**にFlutter SDKのディレクトリを設定して、ドキュメンテーションツールdartdocにFlutter SDKの場所を教え、ドキュメント作成を実行可能な状態にします。

コード5.3.1.3：Flutter SDKの場所(コマンド)

```
$ export FLUTTER_ROOT=~/dev/flutter (on macOS or Linux)

% set FLUTTER_ROOT=~/dev/flutter (on Windows)
```

3. dartdocを実行する

ドキュメンテーションツールdartdocは、DartのソースコードからAPIドキュメントを生成するツールです。ドキュメンテーションコメントと呼ばれる形式を利用して、ソースコード内にドキュメントを記述することが可能です。

Chapter 5 | ライブラリの実装

コード5.3.1.4：ドキュメンテーションツールの実行

```
$ FLUTTER_ROOT/bin/cache/dart-sdk/bin/dartdoc    (on macOS or Linux)

% FLUTTER_ROOT%\bin\cache\dart-sdk\bin\dartdoc  (on Windows)
```

ライセンス

パッケージを公開する際に、ライセンスを追記する必要があります。パッケージ自身のライセンスのみの表記、もしくは外部パッケージを利用している場合は、すべてのライセンスを記述します。

まず、原則としてパッケージごとにライセンスを表記し、パッケージ間は80個のハイフンで区切ります。

コード5.3.1.5：ライセンス記述の良い例

```
sqflite

BSD 2-Clause License

Copyright (c) 2019, Tekartik
All rights reserved.

Redistribution and use in source and binary forms, with or without
modification, are permitted provided that the following conditions are met:
～後略～
```

パッケージ名を記載せずにライセンス文のみを記述するのは好ましくありません。もっとも、Dart Packagesの公開パッケージのほとんどは、MIT LicenseやBSD Licenseなどが一般的です。

コード5.3.1.6：ライセンス記述の悪い例（パッケージ名なし）

```
BSD 2-Clause License

Copyright (c) 2019, Tekartik
All rights reserved.

Redistribution and use in source and binary forms, with or without
modification, are permitted provided that the following conditions are met:
～後略～
```

また、複数のライセンスが含まれるパッケージを利用する場合、ライセンスごとに分割して、そのライセンスのトップにパッケージ名を記述します。

コード5.3.1.7：複数ライセンスの記述例

```
image_picker

Copyright 2017, the Flutter project authors. All rights reserved.
Redistribution and use in source and binary forms, with or without
modification, are permitted provided that the following conditions are
met:
～後略～


--------------------------------------------------------------------------------
aFileChooser

                                Apache License
                           Version 2.0, January 2004
                         http://www.apache.org/licenses/

      TERMS AND CONDITIONS FOR USE, REPRODUCTION, AND DISTRIBUTION
～後略～
```

複数のライセンスを記述する際に、ライセンスが属するパッケージ名を記載しないことも好ましくありません。

コード5.3.1.8：複数ライセンスの記述で属するパッケージ名の記載がない

```
image_picker

Copyright 2017, the Flutter project authors. All rights reserved.
Redistribution and use in source and binary forms, with or without
modification, are permitted provided that the following conditions are
met:
～後略～
--------------------------------------------------------------------------------
Apache License
Version 2.0, January 2004
http://www.apache.org/licenses/
TERMS AND CONDITIONS FOR USE, REPRODUCTION, AND DISTRIBUTION
～後略～
```

Chapter 5 | ライブラリの実装

5-3-2 パッケージの公開

パッケージ実装が完了し、ドキュメントの準備が終われば公開しましょう。パッケージの公開前には、必ずpubspec.yaml、README.md、CHANGELOG.mdの内容に誤りがないか最終チェックをします。--dry-runオプションを付与して実行すると、公開するために必要な要件を教えてくれるので、まずは--dry-runオプションでコマンドを実行しましょう(コード5.3.2.1)。

コード5.3.2.1:--dry-runオプション付きで実行

```
$ flutter pub publish --dry-run
```

表示される内容は以下です。

- パッケージの名前
- パッケージバージョン
- パッケージが含むファイル
- 公開に必須の要件

パッケージ公開に必須の要件がすべてなくなれば、公開可能な状態になります。
パッケージを公開するには、下記のコマンドを実行します(コード5.3.2.2)。これで、Dart Packages でも確認可能になります。ただし、サイトへの反映は30分程度を要することがあります。

コード5.3.2.2:パッケージ公開の実行

```
$ flutter pub publish
```

パッケージ内でのパッケージ参照

パッケージ内における、その他の公開パッケージの利用に関して説明します。
注意点は、DartパッケージとPluginパッケージで依存性の記述方法が異なることです。

Dartパッケージ

Dartパッケージのhelloパッケージを作成するケースを説明します。helloパッケージの開発で、既存の公開パッケージ、例えば、url_launcherパッケージを利用したいケースを考えてみましょう。その場合は、pubspec.yamlに利用するパッケージの依存性を記述します(コード5.3.2.3)。

194

5-3　パッケージの公開

コード5.3.2.3：依存性の記述（Dartパッケージ）

```
dependencies:
  url_launcher: ^0.4.2
```

依存性を追加すると、helloパッケージ内の任意のファイルに、**import 'package:url_launcher/url_launcher.dart'** を記述することで、url_launcherが公開しているAPIにアクセス可能になります。

Pluginパッケージ

PluginパッケージでもDartパッケージと同様で、下記コード例に示す通り、pubspec.yamlに依存性を記述します（コード5.3.2.4）。

コード5.3.2.4：依存性の記述（Pluginパッケージ）

```
dependencies:
  url_launcher: ^0.4.2
```

ただし、Pluginパッケージの場合は、プラットフォーム（iOS／Android）固有の実装があるため、各プラットフォーム上から、url_launcherのAPIを参照する必要があります。つまり、url_launcherが公開しているDartのみのAPIではなく、url_launcherパッケージ内部に記述されているプラットフォーム固有の実装を参照します。

Androidの場合は、下記コード例に示す通り、Android固有の依存性を記述します（コード5.3.2.5）。

コード5.3.2.5：依存性の追加（hello/android/build.gradle）

```
android {
    // 省略
    dependencies {
        provided rootProject.findProject(":url_launcher")
    }
}
```

上記の依存性を追加後、**import io.flutter.plugins.urllauncher.UrlLauncherPlugin** をAndroidディレクトリ内（hello/android/src）の任意のファイルで記述することで、url_launcherパッケージ内のAndroid実装であるUrlLauncherPluginクラスにアクセス可能になります。

195

Chapter 5 | ライブラリの実装

iOSの場合は、下記コード例に示す通り、iOS固有の依存性を記述します（コード5.3.2.6）。

コード5.3.2.6：依存性の追加（hello/ios/hello.podspec）

```
Pod::Spec.new do |s|
  # 省略
  s.dependency 'url_launcher'
```

同様に、**import "UrlLauncherPlugin"**をiOSディレクトリ内（hello/ios/Classes）の任意のファイルに記述することで、url_launcherパッケージ内のiOS実装であるUrlLauncherPluginクラスにアクセス可能になります。

Chapter 6

サンプルアプリの実装

本章では、小規模なサンプルアプリケーション開発において、
要件定義からドメインレイヤ、バックエンド、プレゼンテーションレイヤまでの
実装をサンプルコードとともに説明します。
スマートフォン向けアプリケーション開発で
必要となる要素を学びましょう。

Chapter 6 | サンプルアプリの実装

6-1

要件定義

前章までの説明で、Flutterでのアプリケーション実装に必要となる知識を網羅しています。つまり、さまざまなアプリケーションをFlutterによって実装することが可能になったわけです。早速アプリケーションを実装していくことにしましょう。しかし、実装する方法は分かったものの、どのようなアプリケーションを作り上げていけばよいのでしょうか。Flutterはあくまでもアプリケーションを実装する上で利用する技術の1つに過ぎません。実際にアプリケーションを実装して公開するには、Flutter以外にもさまざまな技術が必要となります。

自分が作りたいものを実際にスマートフォンの掌サイズの小さな画面に落とし込むのは、想像以上に困難な作業です。その小さな画面でユーザーに提供したい情報はなんでしょうか。小さな画面内ですべてを見せるわけにはいきません。タイトルやその説明、編集するためのボタンなどに、数多く用意されているウィジェットのどれを利用すべきか考える必要があります。表示する情報の取捨選択もスマートフォン用アプリケーションの実装で必要となる作業です。

本節では、簡単なアプリケーションを実装することを仮定して、どんなものを作りたいかを考え、アプリケーションの要件を定義して、実際に画面に落とし込んでいく作業の流れを紹介します。実際の作業の流れを把握することで、アプリケーションを作る上で必要となる要素を自然に理解できるはずです。

まずは要件定義ありき

アプリケーションを作る上で、最初にやるべきことは要件定義です。要件定義とは、アプリケーション開発において必要な要素はどんなものであるかを定義して、何を実装するのかを明確化する作業です。アプリケーションを作ろうとやみくもにコードを書き進めても、最終的にはよく分からないアプリケーションとなってしまうことでしょう。本節は簡略化したものですが、要件定義の流れを追っていき、作成するサンプルアプリケーションがどのようなものであり、どのように作っていくか把握しましょう。

個人でアプリケーションを実装して運営すると仮定して、その流れを追っていきましょう。組織ではなくあくまでも個人によるものを前提としているため、規模はさほど大きいものではありません。個人で簡単に実装して緩やかに運営することが前提です。もちろん、個人ではなく組織での実装や運営で、さらにビジネスが絡んでくればちがったものとなるはずです。あくまでもアプリケーション実装と運営の一例を紹介しているに過ぎませんが、実際のアプリケーションを作る上で役立つはずです。

6-1-1 サンプルアプリの概要

まずは、どんなアプリケーションにするかを考えていきます。その考え方はさまざまですが、今回はターゲットを決めて、問題を解決すると手法をとります。

目的

どんなアプリケーションを作っていくかを考えていく上で、重要なのことは「どんな問題を解決したいか」です。例えば、あなた自身が日常生活で困っていること悩んでいることはないでしょうか。

本章のサンプルアプリケーションも、執筆陣が日頃悩んでいることを解決する手段として設計することとにしました。ボードゲームや体感型の謎解きゲームなど、実際に人が集まってプレイするゲームが好きで、自らもゲームを主催することもあります。しかし、主催することは大変な労力を伴います。そもそも人を集めることも難しい上に、参加者が揃ってからも参加者全員のスケジュールを調整する必要があります。

全員の参加意志を確認しつつ、場所や内容を調整することは大変で、もう少し便利なアプリケーションがあれば、もっと楽ができるだろうと常日頃から思っていたところです。もちろん、SNSでのやり取りでも構わないのですが、当然のことながらイベント開催専用に設計されているわけではないので、何かと不便なところがあります。
そこで、本章のサンプルアプリケーションの目的は、「個人レベルでのリアルイベント公募と参加者への連絡手段を提供する」こととしました。

要件

目的を決めたところで、続いて目的を達成するために必要な要件を検討します。まずは、イベントを公募するために必要な機能から考えていきましょう。このとき、手軽に書けるメモ用紙などの環境やマインドマップ作成ソフトなど、思考を整理するアプリケーションを利用するといいでしょう。
イベントを公募するため、イベントの作成機能や閲覧機能が必要となります。また、イベント作成者のみが利用できる機能として、イベントの内容を編集する機能もあると良さそうです。イベントに参加するユーザーに対するプロフィールも必要です。これもイベントと同様に、作成と編集、そして閲覧機能を用意すればよいでしょう。もちろん、SNSなどによるログイン機能も欲しいところです。

以上の内容をまとめると、次のリストで示す要素を実装する必要があります。

- 認証
  - サインアップ
  - ログイン
  - ログアウト

- プロフィール
  - 作成
  - 編集
  - 閲覧

- イベント
  - 作成
  - 編集
  - 閲覧

以上が、必要な要素をリスト化したものです。
続いて、さらに細かく必要な要素をリストアップしていきます。

例えば、プロフィールに必要な要素はなんでしょうか。名前やプロフィール用の画像はもちろんのこと、ユニークな値となるIDも必要でしょう。今回のサンプルアプリケーションは、趣味の集まりを目的とするため、どんな趣味を持っているかなど紹介文の要素もあると便利でしょう。また、プロフィールに過去の主催イベントや参加イベントをリスト表示できるとよいでしょう。

上記を元にプロフィールに必要な要素もリスト化してみましょう。

- プロフィール
  - ID
  - ニックネーム
  - 紹介文
  - プロフィール画像
  - 主催したイベント
  - 参加したイベント

続いて、同様にイベントとして必要な要素もリスト化します。

- イベント
  - ID

- ・ イベント名
- ・ 紹介文
- ・ 開催日
- ・ イベント画像
- ・ 主催者プロフィール

この通り、簡単なものですが、必要な機能とその要素をリスト化することができました。続いて、この機能をもとに画面を設計してみましょう。

6-1-2 画面設計

必要とされる機能と要素をまとめたところで、続いて画面を設計しましょう。画面設計とは、どの画面からアプリケーションが開始するのか、各画面にどのような要素を表示するのか、画面内のどの範囲を押すとどの画面に遷移するのかなどを設計することです。

画面設計をゼロから自ら考えることは困難を伴います。特にスマートフォン用のアプリケーションでは、画面を表示する液晶サイズが一般的なパソコンと比べると小さいため、一度に表示できる要素は少なく設計する必要があります。どの要素を重要視してどの要素を奥に置くかなどを考慮する、情報設計が重要になります。また、スマートフォンは端末によって画面の解像度が違う上に、画面の縦横比も異なります。さらに縦方向でも横方向でも利用可能に設計する必要に迫られる場合もあります。

この通り、スマートフォン向けのアプリケーションでは、考慮すべき要素が多すぎるともいえます。しかし、今回のサンプルアプリケーションはFlutterを利用したアプリケーション開発です。Flutterでは、Material Designと呼ばれるデザイン言語でスマートフォンなどのアプリケーションの構築が可能となっています。そこで、まずはMaterial Designを学ぶことで画面設計のノウハウを身に付けましょう。

Material Design

Material Designは、Googleが提唱しているユーザー体験をデザインする言語です。デザインする言語と表現されても理解できないかもしれませんが、スマートフォンやパソコンなどで動作するアプリケーションにおいて、ユーザーインタフェースのデザインを補助するフレームワークと理解すれば大丈夫です。Material Designを導入して画面をデザインすると、ユーザーはさほどの違和感もなくアプリケーションを操作することができます。Material Designの詳細に関しては、公式サイト[1]を参照してください。コンテンツは英語ですが、ユーザーにどう情報を示すべきなのか一読すれば分かります。

1　https://material.io/design/

また、既存のスマートフォン向けアプリケーションを参考にするのも良いでしょう。特にGoogleや
Appleなどがリリースしている公式アプリケーションを操作してみると、どのように画面を構築すべき
か漠然とですが分かるかもしれません。ちなみに、Googleが公式にリリースしているアプリケーショ
ンは、その多くがMaterial Designに沿った造りになっています。Material Designの公式サイトを参
照しながら操作してみましょう。

実際に公式アプリケーションを操作しながら、アプリケーション内の画面遷移がどのようになっている
かをノートなどに書き出してみると良いでしょう。もちろん、日常的に愛用しているアプリケーション
で、その画面遷移を書き出しても構いません。また、[戻る]ボタンをタップしたときにどの画面に遷移
するのかまでを確認して書き出していくと、意外な発見もあるでしょう。

画面設計がある程度理解できたところで、実際にノートなどに思い描いた画面設計を書き出してみま
しょう。各画面のどこをタップするとどの画面に遷移するのか、どの要素を表示するのか、基本レイ
アウトをどうするのかなど、思い付くことを書き出していきましょう。さらに、例外的な要素も書き出
すと、より良い画面設計となります。例えば、読み込みエラーが発生した場合などです。

6-1-3 技術選定

本項で説明する技術選定とは、実際にアプリケーションを実装する際に、どのフレームワークやどのラ
イブラリを使用するかを選定することです。
どのフレームワークやどのライブラリを使うかを決める理由はさまざまです。「Chapter 4 状態管理」
では状態管理アーキテクチャの選択を説明していますが、それと同様ともいえます。開発に参加するメ
ンバーの熟練度やアプリケーションの将来的な規模を想定して決めることになるでしょう。

本書のサンプルアプリケーションは、Flutterを使った小規模なアプリケーションであることを前提に、
利用するフレームワークやライブラリを選定します。フレームワークはもちろんFlutterを採択します。
状態管理に関しては、将来的な拡張性も考慮してBLoCを採用しましょう。バックエンド側、つまりイ
ンターネット上にどのような情報を保存するかですが、今回はFirebaseを利用することにします。
Firebaseは、Googleが提供するスマートフォン向けアプリケーションやWebアプリケーション用の
バックエンドサービスです。ログイン機能をはじめ、リアルタイムデータベースやストレージなど、ア
プリケーション開発での主要な機能が提供されています。もちろん、Flutterプラグインも公式に提供
されているので、Flutterとの相性は抜群です。

以上で、要件定義は一通り完了しました。本来であれば、要件定義に続いて基本設計や詳細設計など細
かな実装上の設計に入りますが、あくまでも個人開発が前提であるため、この時点でアプリケーション
の実装に入りましょう。

6-2

ドメインレイヤの実装

本節からは、サンプルアプリケーションをソースコードと共に解説します。

前節「6-1 要件定義」で説明した通り、要件を定義することで開発するアプリケーションの全体像を明確にすることができます。本節以降では、前節で用意した要件定義を元にサンプルアプリケーションを実装していきます。本節ではイベント機能を対象に絞って解説します。

なお、ソースコードの全体はGitHub上のリポジトリ[1]で公開しています。本章で解説していない部分はそちらを参照してください。

6-2-1 ドメインオブジェクトの実装

本項では、イベントの閲覧機能の1つであるイベントのリスト機能の実装を解説します。
モバイルアプリケーションでは、要素をリスト表示することは一般的なユーザーインタフェースの1つです。特に、画像やテキストをカードと呼ばれる要素にリスト表示し、操作可能なものにする「カード型ユーザーインタフェース」は、さまざまなモバイルアプリケーションで採用されています。
サンプルアプリケーションでも、イベントをカードとしてリストで表示する画面があります。ここからはリスト表示画面の実装を中心に説明します。

まずは、イベントが持つ要素をまとめます。「6-1-1 サンプルアプリの概要」でイベントが持つ要素を明確化しました。まとめると以下のリストの通りです。

- イベント
  - ID
  - イベント名
  - 紹介文
  - 開催日
  - イベント画像
  - 主催者プロフィール

---

1 https://github.com/AwaseFlutter/Sample

Chapter 6 | サンプルアプリの実装

このリストを元に、ドメインオブジェクトを作成していきます。

ドメインオブジェクトとは、サンプルアプリケーションを例にすると、イベントという要素が持っている情報や機能を抽象化したものです。例えば、タイトルの文字数制限や、「あと○日」と開催日までの日数を表示する機能は、このドメインオブジェクトに実装していくべきです。まずは要素をコードとして表現してみましょう。

コード6.2.1.1：イベントのドメインオブジェクト実装（event.dart）

```
class Event {
  final String id;          // ID
  final String title;       // タイトル
  final String description; // 紹介文
  final DateTime date;      // 開催日
  final String imageUrl;    // イベント画像(URL)
  final User owner;         // 主催者
}
```

上記に示すコード例は、イベントが持つ要素をプロパティとするクラスを簡単に実装しています（コード6.2.1.1）。もちろん、これだけでは十分ではないので、続いてコンストラクタを実装します。

コード6.2.1.2：nullチェックを追加したドメインオブジェクト（event.dart）

```
class Event {
  final String id; // ID
  final String title; // タイトル
  final String description; // 紹介文
  final DateTime date; // 開催日
  final String imageUrl; // イベント画像(URL)
  final User owner; // 主催者

  Event(
      {@required this.id,
      @required this.title,
      @required this.description,
      @required this.date,
      @required this.imageUrl,
      @required this.owner})
      : assert(id != null),
        assert(title != null),
        assert(description != null),
        assert(date != null),
        assert(imageUrl != null),
        assert(owner != null);
}
```

コード例に示す通り、コンストラクタからのみ値を入力可能にしています（コード6.2.1.2）。また、すべての項目をに対してnullを認めないようにしています。基本的に、各要素は外部からは値に対して読み込みのみしか認めず、null`もなるべく許容しない構造にすべきでしょう。

以上で、イベントのリスト表示機能に必要になる、イベントのドメインオブジェクト作成は完了です。

6-2-2 リスト表示機能の定義

前項「6-2-1 ドメインオブジェクトの実装」でドメインオブジェクトを実装することで、イベントを表示するために必要な要素を明確化できました。

次にイベントのリスト表示機能の状態を定義します。モバイルアプリケーションに限定するわけではありませんが、ネットワークやデータベースからデータを読み込む際の画面の状態は、下記の4パターンであることがほとんどです。

- 初期状態
- 処理中
- 成功
- 失敗

最初の状態は何もない [初期状態] です。その状態から、データをリクエストすれば瞬時に [処理中] に切り替わります。データの結果が正常に返ってくれば [成功] となり、データをUIとして表示します。また、何らかのエラーが発生した場合は [失敗] となり、エラーが発生したことをユーザーに伝える必要があります。下図に、これらの流れを図にまとめます（図6.2.2.1）。

図6.2.2.1：状態の流れ

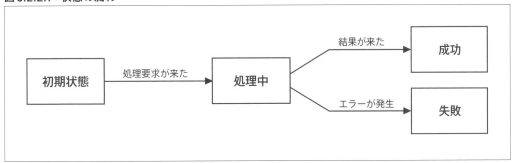

Chapter 6 | サンプルアプリの実装

イベントのリスト表示もこのパターンで状態を定義できます。これを元にリスト表示機能の状態を定義しましょう（コード6.2.2.2）。

コード6.2.2.2：イベントのリスト表示の状態実装（event_list_state.dart）

```
abstract class EventListState extends Equatable {
  EventListState([List props = const []]) : super(props);
}

class EventListEmpty extends EventListState {
  @override
  String toString() => 'EventListEmpty';
}

class EventListInProgress extends EventListState {
  @override
  String toString() => 'EventListInProgress';
}

class EventListSuccess extends EventListState {
  final Stream<List<Event>> eventList;

  EventListSuccess({ @required this.eventList })
      : assert(eventList != null),
        super([eventList]);

  @override
  String toString() => 'EventListSuccess';
}

class EventListFailure extends EventListState {
  final Error error;

  EventListFailure({ @required this.error })
      : assert(error != null),
        super([error]);

  @override
  String toString() => 'EventListFailure';
}
```

EventListStateを親クラスとして、前述のイベント要素を実装しています。EventListEmptyが［初期状態］であり、EventListLoadingが［処理中］、EventListLoadedが［成功］、そしてEventListFailureが［失敗］です。EquatableクラスをEventListStateが継承していますが、これはFlutterのライブラリであるequatable[2]を使用しているためです。オブジェクト同士の比較のために使用しています。

以上で、イベントのリスト表示機能の状態定義も実装できました。

---

2 https://pub.dev/packages/equatable

6-2 ドメインレイヤの実装

6-2-3 イベントの実装

続いて、本項ではイベントのリスト表示機能に対する、BLoCでのイベントを定義します。同じ「イベント」で紛らわしく混乱しますが、BLoCにおけるイベント、ユーザーからの入力を受け取る部分のことです。

コード6.2.3.1：リスト表示機能のイベント実装（event_list_event.dart）

```dart
abstract class EventListEvent extends Equatable {
  EventListEvent([List props = const[]]) : super(props);
}

class EventListLoad extends EventListEvent {

  @override
  String toString() => 'EventListLoad';
}
```

上記コード例に示す通り、前項のEventListStateと同様に、発生するイベントをEventListEventを親クラスとして定義しています。リストの読み込みに関しては、今回は読み込むイベントしか存在しないため、EventListLoadのみを定義しています。

これで、イベントの実装も完了です。

6-2-4 通信部分の定義

本項ではバックエンドとの通信部分を定義します。「定義」と表現したのは、ここで実装そのものを記述する必要はないからです。ドメインレイヤの役割はドメインオブジェクトの振る舞いを定義することです。そのため、どういった通信手段でデータを受け取ったかを把握する必要はありません。一般的なWebAPIであろうと、本章で使っているFirebaseであろうと、必要なメソッドが実装されていれば問題なく通信可能であるべきです。

なお、次節ではこのクラスを継承して実際に通信処理を記述します。

Chapter 6 | サンプルアプリの実装

コード6.2.4.1：イベントのリスト表示に対するRepository

```
abstract class EventListRepository {
  Stream<List<Event>> fetch();
}
```

上記コード例では、イベントの情報をリストで受け取るメソッドのみを定義しています。

6-2-5 状態管理の実装

前項で必要なクラスは揃いました。本項では状態管理の実装を見ていきましょう。

要件定義で状態管理をBLoCを使うこととなっていました。そのため、BLoCを実現するクラスが
必要となります。「Chapter 4 状態管理」でも紹介したflutter_blocライブラリ（https://pub.dev/
packages/flutter_bloc）を使用しましょう。
flutter_blocライブラリは、Blocクラスによる状態管理が可能になっています。

コード6.2.5.1：BLoC部分の実装

```
class EventListBloc extends Bloc<EventListEvent, EventListState>  {

  final EventListRepository _eventListRepository;

  EventListBloc({@required EventListRepository eventListRepository})
      : assert(eventListRepository != null),
        _eventListRepository = eventListRepository;

  @override
  EventListState get initialState => EventListEmpty();

  @override
  Stream<EventListState> mapEventToState(EventListEvent event) async* {
    if (event is EventListLoad) {
      yield* _mapEventListLoadToState();
    }
  }

  Stream<EventListState> _mapEventListLoadToState() async* {
    yield EventListInProgress();
    try {
      yield EventListSuccess(
        eventList: _eventListRepository.fetch()
      );
```

```
    } catch (_) {
      yield EventListFailure(error: _);
    }
  }
}
```

Blocクラスは、**initialState**の状態を表すプロパティと、入力された**EventListEvent**から新たな状態を作り出すメソッド**mapEventToState**の2つを実装する必要があります。

initialStateにはEventListStateの初期状態を表す**EventListEmpty**を入れています。**mapEventToState**の実装は単純です。EventListEventを受け取ったら_mapEventListLoadToStateを実行して、その結果を返すのみです。EventListEventが増えると、将来的にこのif文が増えていきます。また、**_mapEventListLoadToState**は実行されると、処理中を示す**EventListInProgress**を返します。その後、**EventListSuccess**に**EventListRepository**の**fetch**を入れて返しています。万が一、エラーが発生すれば、**EventListFailure**が返ってきます。

なお、この流れは前述した[初期状態]、[処理中]、[成功]、[失敗]のパターンに沿っています。これでドメインレイヤの実装は完了です。

Chapter 6 | サンプルアプリの実装

6-3

通信部分の実装

本節ではサンプルアプリケーションのバックエンド実装を解説します。FirebaseのCloud Firestoreを利用することで、サーバーサイドの知識をほぼ必要とせずに、Firebaseが提供するAPIを利用して実装します。

「6-2-1 ドメインオブジェクトの実装」でドメインオブジェクトを定義することで、どのような要素を必要とするかをクラスとして定義できています。本節ではバックエンド部分を実装して、通信や保存を可能にします。

ちなみに、バックエンドとはデータの保存や取得を司る部分のことを意味します。一方、ボタンなどのユーザーインタフェース部分をフロントエンドと呼びます。ここでのデータの保存や取得とは、スマートフォンからの取得のみならず、インターネット上のサーバーからの取得も含みます。

6-3-1 EventListRepositoryの実装

バックエンド側の処理を実装するには、前節「6-2-2 通信部分の定義」でabstract classとして定義したEventListRepositoryを継承して必要なメソッドを実装します。下記にコード例を示します（コード6.3.1.1）。

コード6.3.1.1：イベントのリスト表示に対するRepository（event_list_repository.dart）

```dart
abstract class EventListRepository {
  Stream<List<Event>> fetch();
}
```

それではこのEventListRepositoryを実装して、実際にネットワーク通信を行う処理を記述します。本項ではFirebaseのCloud Firestoreと呼ばれる機能を使用して実装します（コード6.3.1.2）。

このCloud FirestoreはFirebaseが提供するNoSQLクラウドデータベースです。クライアントとクラウドとのデータ同期を簡単に実現できます。

210

6-3 通信部分の実装

コード6.3.1.2：EventListRepositoryの実装（firestone_event_repository.dart）

```
class FirestoreEventListRepository extends EventListRepository {

  final Firestore _firestore;

  FirestoreEventListRepository(
      {Firestore firestore})
      : _firestore = firestore ?? Firestore.instance;

  @override
  Stream<List<Event>> fetch() {
    return _firestore.collection("events").snapshots().map((snapshot){
      return snapshot.documents.map((docs) {

        return Event(
            id: docs.documentID,
            title: docs.data["title"] ?? "",
            description: docs.data["description"] ?? "",
            date: docs.data["date"]?.toDate() ?? DateTime.utc(2019),
            imageUrl: docs.data["image_url"] ?? "",
        );
      }).toList();
    });
  }

}
```

上記コード例に示す、FirestoreクラスがCloud FirestoreのAPIを提供しているクラスで、eventsコレクションからデータを読み込んでいます。

Cloud Firestoreからデータを読み込む方法はいくつかありますが、本項ではsnapshotsメソッドを利用しています。snapshotsを使うことで、データの更新をリアルタイムで受け取ることが可能です。例えば、クラウドのデータ更新と共に、自動でクライアントが更新データを受け取ることが可能です。

snapshots()はStream<QuerySnapshot>型で返すので、これをStream<List<Event>>に変換する必要があります。この変換処理を担っているのがmapメソッドの内部です。QuerySnapshotからList<Event>へ変換しています。

以上でバックエンドの実装は完了です。次節ではこれらを呼び出すプレゼンテーションレイヤの実装に移ります。

Chapter 6 | サンプルアプリの実装

6-4

プレゼンテーションレイヤの実装

前節の「6-3 バックエンドの実装」までで、アプリケーションのメインロジックであるドメインレイヤとネットワークとの通信部分であるバックエンドの実装は完了しています。本節ではプレゼンテーションレイヤの実装に入ります。

プレゼンテーションレイヤが担うことは、ドメインレイヤから受け取った状態から新たなユーザーインターフェースを作り出し、ユーザーからの入力をドメインレイヤに伝えることです。担当することはそれほど多くありませんが、UIの構築がもっとも大変であるのがスマートフォン向けアプリケーション開発の常です。1つ1つ丁寧に読み解いていきましょう。

6-4-1 画面の構築とイベントの通知

プレゼンテーションレイヤの役割はさほど多くありません。主な計算部分やAPIの呼び出しなどはすべてドメインレイヤとバックエンドの実装で完了しています。プレゼンテーションレイヤが担うことは、主に下記の2つです。

- Blocクラスが管理している状態から画面を構築する。
- プレゼンテーションレイヤで発生したイベントをBlocクラスに伝える。

プレゼンテーションレイヤがこれ以外のことを担当すると、Blocクラスの管理下を外れる状態が発生してしまいます。そうなると、状態がどこに存在するか分からなくなり、混沌としたソースコードになってしまいかねません。Blocクラス以外の状態を作成しないためにも、上記2つのみに絞りましょう。

画面の構築は、StatelessWidgetを継承したクラスとflutter_blocライブラリが提供するBlocBuilderクラスを使って実装します。下記にコード例を示します（コード6.4.1.1）。

コード6.4.1.1：リスト表示機能の実装

```
class EventListScreen extends StatelessWidget {
  @override
  Widget build(BuildContext context) {
```

```
final eventListBloc = EventListBloc(
    eventListRepository: FirestoreEventListRepository()
);
eventListBloc.dispatch(EventListLoad());

return Scaffold(
  appBar: AppBar(
    title: Text("Events"),
  ),
  body: BlocBuilder<EventListBloc, EventListState>(
    bloc: eventListBloc,
    builder: (context, state) {

      if (state is EventListInProgress) {
        return Center(
          child: CircularProgressIndicator(),
        );
      }

      if (state is EventListSuccess) {
        return StreamBuilder(
          stream: state.eventList,
          builder: (BuildContext context, AsyncSnapshot<List<Event>> snapshot) {

            if (!snapshot.hasData) {
              return Center(
                child: CircularProgressIndicator(),
              );
            }

            if (snapshot.hasError) {
              return Center(
                child: Column(
                  mainAxisSize: MainAxisSize.min,
                  children: <Widget>[
                    Text("Failure")
                  ],
                )
              );
            }

            return ListView.builder(
              itemBuilder: (BuildContext context, int index) {
                final event = snapshot.data[index];
                return Card(
                    child: Column(
                        mainAxisSize: MainAxisSize.max,
                        children: <Widget>[
                          ListTile(
                            title: Text(
                                event.title,
                                style: TextStyle(fontWeight: FontWeight.bold)
                            ),
```

```
                           subtitle: Text(event.date.toIso8601String()),
                         ),
                         Row(
                           children: <Widget>[
                             Expanded(
                               child: Image.network(
                                 event.imageUrl,
                                 fit: BoxFit.none,
                                 height: 128,
                               )
                             )
                           ],
                         ),
                         Text(event.description)
                       ]
                     )
                   );
                 },
                 itemCount: snapshot.data.length,
               );
             },
           );
         }

         if (state is EventListFailure) {
           return Center(
             child: Text("Failure"),
           );
         }

         return Container();

       },
     ),
   );
 }
}
```

上記コード例に示す通り、**StatelessWidget**の**build**メソッドのみで画面構築を完結できます（コード 6.4.1.1）。buildメソッド内部では、まず**EventListRepositoy**と**EventListBloc**のインスタンスを生成し、あとは主に**BlocBuilder**を使って画面を構築します。

BlocBuilderはflutter_blocライブラリのクラスです。指定のBlocクラスの状態が変更されたら、自動でWidgetを再構築できます。**BlocBuilder**の**builder**パラメーターがその再構築部分です。最新の状態であるstateの型を確認して、現在の状態に合致する画面を構築します。

イベントの通知も同様に、**StatelessWidget**の**build**メソッドのみで完結できます。**Bloc**クラスの**dispatch**メソッドに任意のイベントを入れるだけで通知は完了します。上記コード例のクラスでは、EventListBlocのインスタンス生成直後に、**eventListBloc.dispatch(EventListLoad());**とあ

る部分が該当します。一般的には、ボタンなどのタップ時や入力テキストの変更時に、Blocクラスの
dispatchメソッドを実行します。

6-4-2 BlocProviderの利用

前項では、**StatelessWidget**の**build**メソッド内で**EventListBloc**のインスタンスを生成していますが、
子となるWidgetでもEventListBlocのインスタンスを参照したいケースもあります。Widgetのコンス
トラクタを経由して参照可能にしても構いませんが、階層が深くなるほど難しくなります。そんな場合
は、**BlocProvider**を利用して**BuildContext**から参照可能にしましょう。

BlocProviderを使用するには、先程のEventListScreenを生成している親のWidgetのコードを、下
記コード例に示す通りに書き換えます（コード6.4.2.1）。

コード6.4.2.1：BlocProviderの例

```
//中略
BlocProvider<EventListBloc>(
  builder: (context) =>
    EventListBloc(eventListRepository: FirestoreEventListRepository()),
  child: EventListScreen(),
)
```

上記コード例の通り、EventListScreen()とだけ記述していた部分を**BlocProvider**で囲みます（コー
ド6.4.2.1）。**builder**パラメーターで**EventListBloc**を生成すれば、コンストラクタを使わなくても、
このインスタンスが参照可能となります。参照は**of**メソッドです。パラメーターに**BuildContext**を渡
すと、生成したインスタンスを参照可能になります（コード6.4.2.2）。

コード6.4.2.2：BlocProvider.ofの例

```
//中略
final eventListBloc = BlocProvider.of<EventListBloc>(context));
eventListBloc.dispatch(EventListLoad());
```

以上で、イベントのリスト表示機能をBLoCアーキテクチャで実装する過程を順を追って紹介しました。
次節以降は、BLoCアーキテクチャが他の主要機能でどのように使われているかを紹介します。基本の
流れはどの機能でも変わりはありません。いずれも基本の応用です。

Chapter 6 | サンプルアプリの実装

6-5
ユーザー認証の実装

本節では、サンプルアプリケーションの実装を例示しながらユーザー認証の実装を説明します。昨今のモバイル向けのアプリケーションでは、ユーザー認証やソーシャルログイン機能はもはや必須の機能といえます。本節ではユーザー認証機能を前節と同様、BLoCを用いて実装します。

ユーザー認証とは、ユーザーを識別することでシステムやアプリケーションを使用する権限の有無を確認することです。一般的には、各ユーザーにユニークな値であるユーザーIDを割り振り、そのユーザーIDでどのユーザーがアプリケーションを利用しているか識別します。
ユーザーIDの管理や取得は基本的にバックエンドが担当することであり、Flutterが担当するクライアント側で担うことではありません。クライアントはバックエンドのAPIを利用して、現在の状況を取得してViewに反映させることが役割です。ユーザー認証機能はFirebaseのFirebase Authenticationで実装します。

6-5-1 ドメインレイヤの実装

ユーザー認証部分のドメインレイヤ部分を実装します。前節と同様に、アーキテクチャにはBLoCを採用します。

最初にドメインオブジェクトを定義します。認証できた際のユーザー情報をドメインオブジェクトとしましょう。下記コード例にログインしているユーザー情報を定義します（コード6.5.1.1）。

コード6.5.1.1：ログインしているユーザー情報

```
class CurrentUser {
  final String id; // ID
  final String name; // タイトル
  final String photoUrl; // 紹介文
  final bool isAnonymous; // 匿名かどうか
  final DateTime createdAt; // 登録した日時
  final DateTime updatedAt; // 最後にログインした日時

  CurrentUser({
    @required this.id,
```

```
    @required this.name,
    @required this.photoUrl,
    @required this.isAnonymous,
    @required this.createdAt,
    @required this.updatedAt
  })
      : assert(id != null),
        assert(name != null),
        assert(photoUrl != null),
        assert(isAnonymous != null),
        assert(createdAt != null),
        assert(updatedAt != null)
  ;
}
```

続いて、状態も定義します。イベントのリスト機能でも実践した、状態のパターンをここでも使ってみましょう。

- 何もしていない
- 問い合わせ中
- 認証成功
- 認証失敗

上記をそれぞれ状態として実装します（コード6.5.1.2）。

コード6.5.1.2：ユーザー認証の状態

```
abstract class AuthenticationState extends Equatable {
  AuthenticationState([List props = const []]) : super(props);
}

class AuthenticationInProgress extends AuthenticationState {
  @override
  String toString() => 'Uninitialized';
}

class AuthenticationSuccess extends AuthenticationState {
  final CurrentUser currentUser;

  AuthenticationSuccess(this.currentUser) : super([currentUser]);

  @override
  String toString() => 'AuthenticationSuccess';
}
```

```
class AuthenticationFailure extends AuthenticationState {
  @override
  String toString() => 'AuthenticationFailure';
}
```

初期状態は処理中と統合していますが、認証に関しても他の部分と全体的な流れは変わりません。最初は初期状態である**AuthenticationInProgress**となります。

認証成功には**AuthenticationSuccess**、未認証には**AuthenticationFailure**が返ってきます。

次は必要となるイベントです。認証が必要なタイミングはアプリ起動時やログイン処理が完了した段階です。また、ログアウト処理も必要なので含めておきます。

AppStartedはアプリ起動時のイベントです。また、**LoggedIn**と**LoggedOut**はそれぞれログイン時とログアウト時のイベントです。

┃ コード6.5.1.3：ユーザー認証のイベント

```
abstract class AuthenticationEvent extends Equatable {
  AuthenticationEvent([List props = const []]) : super(props);
}

class AppStarted extends AuthenticationEvent {
  @override
  String toString() => 'AppStarted';
}

class LoggedIn extends AuthenticationEvent {
  @override
  String toString() => 'LoggedIn';
}

class LoggedOut extends AuthenticationEvent {
  @override
  String toString() => 'LoggedOut';
}
```

次はバックエンドとのインターフェースであるRepositoryです。下記にコード例を示します（コード6.5.1.4）。

┃ コード6.5.1.4：ユーザー認証のRepository

```
abstract class AuthenticationRepository {
  Future<void> signOut();
  Future<bool> isSignedIn();
```

```
  Future<CurrentUser> getCurrentUser();
}
```

上記コード例に示す通り、認証状態を確認するメソッドとサインアウトするメソッドを用意しています。
実際にサインインするのはここではなく、ソーシャルログインの実装です。

最後に状態管理（Bloc）を見てみましょう（コード6.5.1.5）。

コード6.5.1.5：ユーザー認証の状態管理

```
class AuthenticationBloc
    extends Bloc<AuthenticationEvent, AuthenticationState> {
  final AuthenticationRepository _authRepository;

  AuthenticationBloc({@required AuthenticationRepository authRepository})
      : assert(authRepository != null),
        _authRepository = authRepository;

  @override
  AuthenticationState get initialState => AuthenticationInProgress();

  @override
  Stream<AuthenticationState> mapEventToState(
      AuthenticationEvent event,
      ) async* {
    if (event is AppStarted) {
      yield* _mapAppStartedToState();
    } else if (event is LoggedIn) {
      yield* _mapLoggedInToState();
    } else if (event is LoggedOut) {
      yield* _mapLoggedOutToState();
    }
  }

  Stream<AuthenticationState> _mapAppStartedToState() async* {
    try {
      final isSignedIn = await _authRepository.isSignedIn();
      if (isSignedIn) {
        final currentUser = await _authRepository.getCurrentUser();
        yield AuthenticationSuccess(currentUser);
      } else {
        yield AuthenticationFailure();
      }
    } catch (_) {
      yield AuthenticationFailure();
    }
  }

  Stream<AuthenticationState> _mapLoggedInToState() async* {
```

```
      yield AuthenticationSuccess(await _authRepository.getCurrentUser());
  }

  Stream<AuthenticationState> _mapLoggedOutToState() async* {
    yield AuthenticationFailure();
    _authRepository.signOut();
  }
}
```

上記コード例の_**mapAppStartedToState**がサインインの有無を確認する部分です。

AppStartedが来たら、**AuthenticationRepository**の**isSignIn**を実行して認証状態を確認します。このメソッドは認証済みであればtrue、未認証であればfalseを返します。

したがって、trueであれば認証済みである**AuthenticationSuccess**を状態として返し、falseであれば未認証である**AuthenticationFailure**を返します。

6-5-2 バックエンドの実装

バックエンドの実装は、**AuthenticationRepository**をFirebase Authenticationを使って実装します。Firebase AuthenticationはFirebaseによるユーザー認証サービスです。もちろん、Flutter用のライブラリも提供されているので簡単に使用できます。

コード6.5.2.1：ユーザー認証のRepositoryの実装

```
class FirebaseAuthenticationRepository extends AuthenticationRepository {
  final FirebaseAuth _firebaseAuth;
  final GoogleSignIn _googleSignIn;

  FirebaseAuthenticationRepository(
      {FirebaseAuth firebaseAuth,
      GoogleSignIn googleSignIn,
      FirebaseUserStore firebaseUserStore})
      : _firebaseAuth = firebaseAuth ?? FirebaseAuth.instance,
        _googleSignIn = googleSignIn ?? GoogleSignIn();

  @override
  Future<CurrentUser> getCurrentUser() async {
    final currentUser = await _firebaseAuth.currentUser();
    return CurrentUser(
      id: currentUser.uid,
      name: currentUser.displayName,
      photoUrl: currentUser.photoUrl,
```

```
      isAnonymous: currentUser.isAnonymous,
      createdAt: DateTime.fromMillisecondsSinceEpoch(
          currentUser.metadata.creationTimestamp
      ),
      updatedAt: DateTime.fromMillisecondsSinceEpoch(
          currentUser.metadata.lastSignInTimestamp
      )
    );
  }

  @override
  Future<bool> isSignedIn() async {
    final currentUser = await _firebaseAuth.currentUser();
    return currentUser != null;
  }

  @override
  Future<void> signOut() {
    return Future.wait([_firebaseAuth.signOut(), _googleSignIn.signOut()]);
  }
}
```

上記コード例のFirebaseAuthがFirebase AuthenticationのAPIを提供するクラスです。
currentUserメソッドを実行して、ユーザー情報が返れば認証済みでnullの場合は未認証です。コード例では、認証済みか未認証かをbool値で返します。

また、Googleアカウントに対するAPIを提供するクラス、**GoogleSignIn**も一緒に注入しています。これはログアウトの際にまとめてアカウントがログアウトする必要があるためです。

6-5-3 プレゼンテーションレイヤの実装

AuthenticationBlocを早速アプリケーションに取り込みます。
サンプルアプリケーションは基本的にログイン状態での使用が前提なので、MaterialAppのhome上で**BlocBuilder<AuthenticationBloc, AuthenticationState>**を生成します。

コード6.5.3.1：ユーザー認証機能の実装

```
void main() {
  final authenticationRepository = FirebaseAuthenticationRepository();
  runApp(BlocProvider<AuthenticationBloc>(
      builder: (context) =>
          AuthenticationBloc(authRepository: authenticationRepository)
            ..dispatch(AppStarted()),
```

```
      child: MyApp(),
    ),
  );
}

class MyApp extends StatelessWidget {
  @override
  Widget build(BuildContext context) {
    final authenticationBloc = BlocProvider.of<AuthenticationBloc>(context);
    return MaterialApp(
      title: 'Awase',
      theme: ThemeData(
          primaryColor: Colors.indigo[900],
          accentColor: Colors.pink[800],
          brightness: Brightness.light),
      home: BlocBuilder<AuthenticationBloc, AuthenticationState>(
          bloc: authenticationBloc,
          builder: (context, state) {
            if (state is AuthenticationInProgress) {
              return SplashScreen();
            }
            if (state is AuthenticationSuccess) {
              return EventListScreen();
            }
            if (state is AuthenticationFailure) {
              return SignInScreen();
            }
            return Container();
          }),
    );
  }
}
```

上記コード例では**AuthenticationBloc**が流す状態に合わせて、別で定義されている**StatelessWidget**を生成しています。初期状態で**Container**（何もない状態で空）が生成され、認証確認作業中であれば**SplashScreen**が生成される流れです。認証済みであれば**EventListScreen**を生成してホーム画面を表示しますが、未認証であれば次節で実装するログイン画面に遷移します。

以上でユーザー認証部分は完成です。しかし、本節の実装のみでは認証の状態を確認するだけで認証済みの状態に移行できません。次はログインに必要なソーシャルログイン機能の実装を説明します。

6-6

ログインの実装

本節では、FirebaseのFirebase Authenticationを利用したGoogleアカウントによる、ソーシャルログインと匿名ログインの実装を説明します。

ソーシャルログインは、ユーザーが利用しているSNSや別サービスのアカウントでアプリケーションにログインできる仕組みです。モバイルアプリケーションを使うユーザーは他サービスのアカウントを持っていることが多く、ソーシャルログインで認証の手間を軽減できます。

ログイン機能も他の機能と同じくBLoCにしたがって実装します。本項では簡略化のためGoogleアカウントによるログインと匿名ログインに絞っていますが、他サービスでのソーシャルログインも同様の方法で実装が可能です。

6-6-1 ログインにおけるドメインレイヤの実装

ソーシャルログイン機能のドメインレイヤ部分を実装していきましょう。

まずは状態を定義します。ドメインオブジェクトを定義するのはソーシャルログインの部分ではありません。ソーシャルログインに関しては状態だけで表現できるからです。

- 何もしていない
- 問い合わせ中
- サインイン成功
- サインイン失敗

上記を状態として実装してみましょう（コード6.6.1.1）。

コード6.6.1.1：ログインの状態

```
abstract class SignInState extends Equatable {}

class SignInEmpty extends SignInState {}

class SignInLoading extends SignInState {}
```

```
class SignInSuccess extends SignInState {}

class SignInFailure extends SignInState {}
```

上記コード例に示す通り、特別なことは何もありません。これまでの説明と同様に、よくある状態のパターンに当てはまります。個々に定義することが面倒な場合は専用クラスを作成しても構いませんが、本項では無用な混乱を避けるため使用していません。

続いて、ログインイベントの実装です。
実行されるタイミングは、Googleのログインボタンを押したときと匿名ログインボタンを押したときなので、下記コード例に示す通り、イベントを定義しています。

コード6.6.1.2：ログインのイベント

```
abstract class SignInEvent extends Equatable {}

class SignInWithGoogleOnPressed extends SignInEvent {}

class SignInAnonymouslyOnPressed extends SignInEvent {}
```

同様に、バックエンドとのインターフェースであるRepositoryを確認してみましょう（コード6.6.1.3）。Googleによるログインの実装と匿名ログインの実装のみです。

コード6.6.1.3：ログインのRepository

```
abstract class SignInRepository {
  Future<void> signInWithGoogle();
  Future<void> signInAnonymously();
}
```

最後に、Blocによるログイン状態管理です。

コード6.6.1.4：ログインの状態管理

```
class SignInBloc extends Bloc<SignInEvent, SignInState> {

  final SignInRepository _signInRepository;

  SignInBloc({@required SignInRepository signInRepository})
      : assert(signInRepository != null),
        _signInRepository = signInRepository;
```

```
@override
SignInState get initialState => SignInEmpty();

@override
Stream<SignInState> mapEventToState(SignInEvent event) async* {
  if (event is SignInWithGoogleOnPressed) {
    yield* _mapSignInWithGoogleOnPressed();
  }
  if (event is SignInAnonymouslyOnPressed) {
    yield* _mapSignInAnonymouslyOnPressed();
  }
}

Stream<SignInState> _mapSignInWithGoogleOnPressed() async* {
  yield SignInLoading();
  try {
    await _signInRepository.signInWithGoogle();
    yield SignInSuccess();
  } catch (_) {
    yield SignInFailure();
  }
}

Stream<SignInState> _mapSignInAnonymouslyOnPressed() async* {
  yield SignInLoading();
  try {
    await _signInRepository.signInAnonymously();
    yield SignInSuccess();
  } catch (_) {
    yield SignInFailure();
  }
}
}
```

上記コード例に示す通り、**SignInWithGoogleOnPressed**がイベントとして流れてきたら、
SignInRepositoryの**signInWithGoogle**を実行して、その結果を状態として返します。
同様に**SignInAnonymouslyOnPressed**がイベントとして流れてきたら、**SignInRepository**の
signInAnonymouslyを実行して、その結果を状態として返します。

Chapter 6 | サンプルアプリの実装

6-6-2 ログインにおけるバックエンド実装

バックエンドの実装はユーザー認証と同様に、SignInRepositoryをFirebase Authenticationを使って実装します。さらにGoogleアカウントによるログインであるため、Google Sign InがFlutter上で利用できるライブラリ、googlesignin[1]も使用しています。

コード6.6.2.1：Firebaseによるログインの Repository

```
class FirebaseSignInRepository extends SignInRepository {

  final FirebaseAuth _firebaseAuth;
  final GoogleSignIn _googleSignIn;

  FirebaseSignInRepository(
      {FirebaseAuth firebaseAuth, GoogleSignIn googleSignIn})
    : _firebaseAuth = firebaseAuth ?? FirebaseAuth.instance,
      _googleSignIn = googleSignIn ?? GoogleSignIn();

  @override
  Future<void> signInWithGoogle() async {
    final GoogleSignInAccount googleUser = await _googleSignIn.signIn();
    final GoogleSignInAuthentication googleAuth =
    await googleUser.authentication;
    final AuthCredential credential = GoogleAuthProvider.getCredential(
      accessToken: googleAuth.accessToken,
      idToken: googleAuth.idToken,
    );
    await _firebaseAuth.signInWithCredential(credential);
  }

  @override
  Future<void> signInAnonymously() async {
    await _firebaseAuth.signInAnonymously();
  }

}
```

GoogleSignInのAPIを提供しているクラスが**GoogleSignIn**です。**signIn**メソッドを実行するだけで、モバイルアプリケーション上にログイン画面を表示して、Googleアカウントでのログインを提示してくれます。匿名ログインは**FirebaseAuth**の**signInAnonymously**メソッドを実行するだけで完了です。

---

1 https://pub.dev/packages/google_sign_in

6-6 ログインの実装

6-6-3 ログインにおけるプレゼンテーションレイヤ実装

ログインのプレゼンテーションレイヤの実装です。早速**SignInBloc**を取り込みます。次のコード例で
示すのは、ログイン機能の実装です。

コード6.6.3.1：ログイン機能の実装

```
class SignInScreen extends StatelessWidget {
  @override
  Widget build(BuildContext context) {
    final signInBloc = SignInBloc(signInRepository: FirebaseSignInRepository());
    final authenticationBloc = BlocProvider.of<AuthenticationBloc>(context);

    return Scaffold(
      appBar: AppBar(
        title: Text("Sign In"),
      ),
      body: BlocBuilder<SignInBloc, SignInState>(
          bloc: signInBloc,
          builder: (context, state) {

            if (state is SignInLoading) {
              return Center(
                child: CircularProgressIndicator(),
              );
            }

            if (state is SignInSuccess) {
              return Center(
                  child: Column(
                    mainAxisSize: MainAxisSize.min,
                    children: <Widget>[
                      Text("Success"),
                      RaisedButton(
                        onPressed: () {
                          authenticationBloc.dispatch(LoggedIn());
                        },
                        child: Text(
                            'StartApp'
                        ),
                      )
                    ],
                  )
              );
            }

            if (state is SignInFailure) {
              return Center(
```

Chapter 6

227

```
              child: Text("Failure"),
            );
          }

          return Center(
            child: Column(
              mainAxisSize: MainAxisSize.min,
              children: <Widget>[
                RaisedButton.icon(
                    onPressed: () {
                      signInBloc.dispatch(SignInAnonymouslyOnPressed());
                    },
                    icon: Icon(Icons.account_circle),
                    label: Text("Guest Login")
                ),
                RaisedButton.icon(
                    onPressed: () {
                      signInBloc.dispatch(SignInWithGoogleOnPressed());
                    },
                    icon: Icon(
                      FontAwesomeIcons.google,
                      color: Colors.white,
                    ),
                    label: Text("Login With Google",
                        style: TextStyle(color: Colors.white)))
              ],
            ),
          );
        }),
      );
    }
}
```

SignInStateの状態を受け取り、Viewを構築する部分は他とまったく変わりません。初期状態では
Googleアカウントでのログインボタンを表示して、ログイン成功時には、前の画面に戻るボタンを表
示しています。

以上でプレゼンテーションレイヤ実装は終わり、機能もUIも含めた実装は完了です。
本章ではイベント作成に焦点を絞って解説していますが、他も処理内容が異なるだけで同じ流れで実装
できます。本章の解説をもとにGitHubで公開しているサンプルを読み解いてください。

Chapter 7

開発の継続

高品質なアプリケーションの継続的なデリバリーはもとより、
より短いサイクルでの開発が求められる昨今では、
手動運用による業務フローだけでは効率的な開発は困難となっています。
業務フローの自動化によって、継続的に発生する運用コストの削減と
持続性が高い開発フローを整えることが重要です。
本章では、フローの自動化に必要となるテストやデバッグツールの活用、
デプロイメントやデリバリーを解説します。

Chapter 7 | 開発の継続

7-1

テストと最適化

本節では、自動テストをテーマにして、継続的なアプリケーション提供を前提に、Flutterでのアプリケーション開発における自動テストの実装方法を説明します。

7-1-1 デバッグツールDevTools

まずテストを記述する前に、開発効率を向上させるためのデバッグツールを紹介します。
DevTools[1]は、DartならびにFlutterアプリケーションで品質改善のための測定も可能なデバッグツールで、ブラウザ上で実行されます。

図7.1.1.1：DevTools

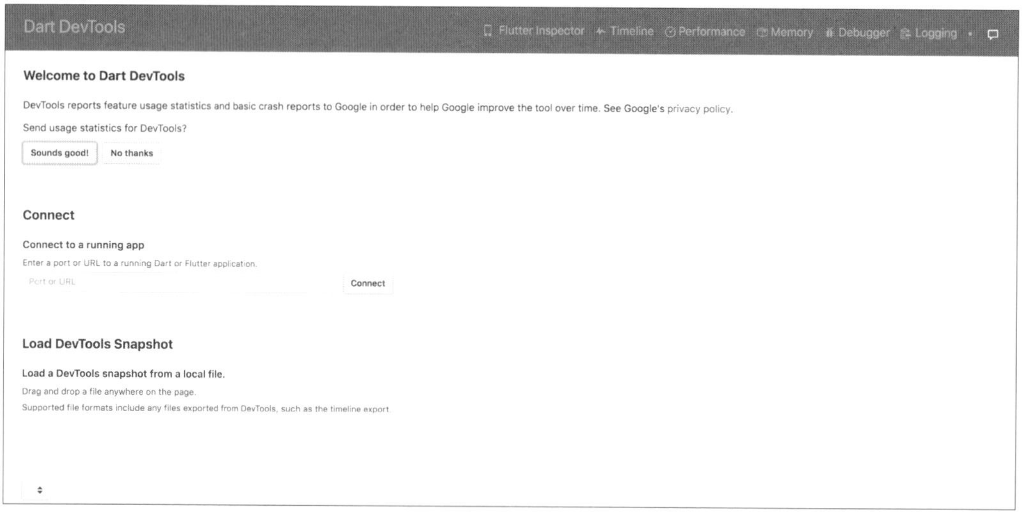

詳細は後述しますが、メモリやパフォーマンスの測定、その他にもさまざまなデバッグ機能が用意されています。

1　https://flutter.dev/docs/development/tools/devtools/overview

DevToolsのインストール

DevToolsをコマンドラインでインストールするためには、下記に示すいずれかのコマンドを実行します（コード7.1.1.2～コード7.1.1.3）。

コード7.1.1.2：PATH内にpubコマンドが存在する場合（コマンド）

```
$ pub global activate devtools
```

コード7.1.1.3：PATH内にflutterコマンドが存在する場合（コマンド）

```
$ flutter pub global activate devtools
```

上記のコマンドを実行すると、下記の出力がコマンドラインに出力されます（コード7.1.1.4）。DevToolsがインストールされたことと、DevToolsのバージョンが表示されます。

コード7.1.1.4：DevToolsインストール時のコマンドラインでの出力

```
Installed executable devtools.
Activated devtools 0.1.4
```

DevToolsはWebブラウザで実行されるため、ローカル環境でWebサーバーを立ち上げます。起動する方法は2種類が用意されています。Android StudioやVS Codeなどの統合開発環境から起動するか、もしくはコマンドラインで起動します。

DevToolsの実行

Android Studioの場合は、下図に示す通り、［Open DevTools］をクリックします（図7.1.1.5）。

図7.1.1.5：Android StudioでのDevToolsの実行

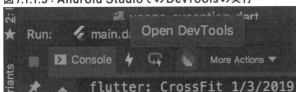

また、Visual Studio Codeでは、VS Codeパレットで [Dart：Open DevTools] と表示されて起動可能になるため、下図に示す通り、[Dart：Open DevTools] をクリックします（図7.1.1.6）。

図7.1.1.6：VS CodeパレットでのDevToolsの実行

DevToolsを起動すると、下図の画面が表示され、デバッグツールが利用可能な状態が整います（図7.1.1.7）。

図7.1.1.7：AwaseAppのDevTools画面

また、コマンドラインでDevToolsを起動するには、下記コマンドのいずれかを実行します（コード7.1.1.8～コード7.1.1.9）。

コード7.1.1.8：PATH内にpubコマンドが存在する場合（コマンド）

```
$ pub global run devtools
```

コード7.1.1.9：PATH内にflutterコマンドが存在する場合（コマンド）

```
$ flutter pub global run devtools
```

DevToolsの起動に成功すると、コマンドラインに起動した旨が出力されます（コード7.1.1.10）。
Webブラウザで出力されたページ（ここではhttp://127.0.0.1:9100）にアクセスすると、下図のページが表示されます（図7.1.1.11）。

コード7.1.1.10：DevToolsの起動メッセージ（コマンドログ）

```
Serving DevTools at http://127.0.0.1:9100
```

図7.1.1.11：DevToolsの起動画面

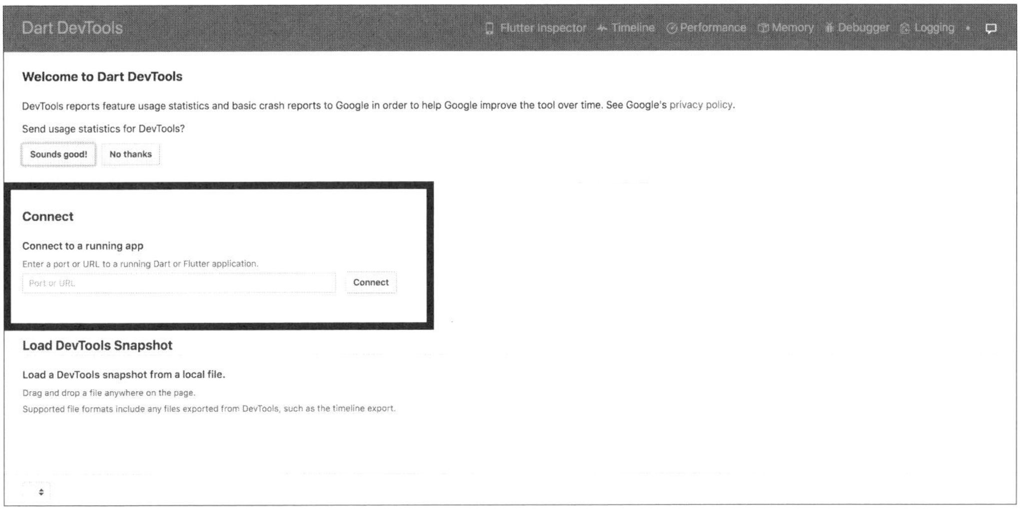

コマンドラインで起動する場合、上図の囲みに示す通り、実行しているFlutterアプリケーションのプロセスを追記する必要があります。プロセスを確認するためには、一旦DevToolsを終了させて、**flutter run**コマンドを実行します。アプリケーションのインストールに成功すると、下記が出力されます。

コード7.1.1.12：DevTools接続成功

```
An Observatory debugger and profiler on Pixel 3a is available at: http://127.0.0.1:52050/
g3NAq5GuFMA=
```

上記コマンドログの「**http://127.0.0.1:52050/g3NAq5GuFMA=**」部分をコピーして、あらためてDevToolsを起動します。

Chapter 7 | 開発の継続

次図に示すプロセス選択ダイアログにコピーした接続先をペーストして［Connect］をクリックすると（図7.1.1.13）、アプリのプロセスに連携したDevToolos画面が表示されます。

図7.1.1.13：実行アプリケーションのプロセスを指定

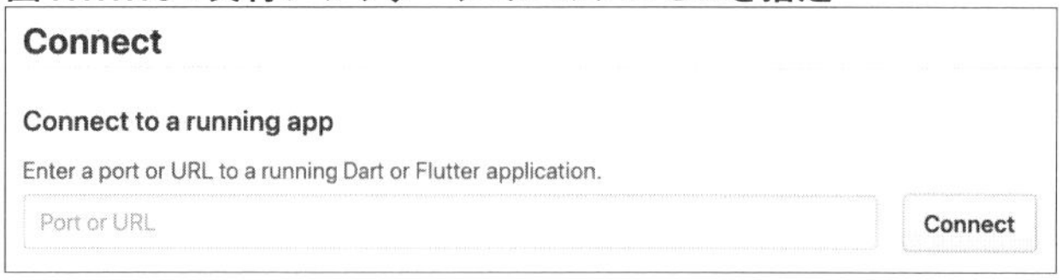

Connect

Connect to a running app

Enter a port or URL to a running Dart or Flutter application.

| Port or URL | Connect |

7-1-2 DevToolsのデバッグ機能

DevToolsを利用したデバッグ方法を紹介します。

- Flutter inspector
- Timeline
- Memory
- Performance
- Debugger
- Logging

Flutter inspector

Flutter inspectorではアプリケーションの全体的なチェックが可能です。Flutter inspectorの機能をそれぞれ説明しましょう。

Select Widget Modeでは、実機もしくはシミュレーターなどで選択したウィジェットの詳細情報を確認できます（図7.1.2.1）。Flutterでは、ウィジェットはすべてのコンポーネントを表現するオブジェクトであるため、Flutter inspectorの標準設定では当然、すべてのウィジェットを可視化しています。しかし、実際にデバッグする際は、よりセマンティックなUIの階層を把握したいケースがあります。

その場合は、アプリケーション実行時にオプションを追加します。`flutter run --track-widget-creation` と、--track-widget-creationを指定すると、次図に示す通り、UIの階層が分かりやすくなり、よりデバッグが容易になります（図7.1.2.2）。

234

7-1 テストと最適化

図7.1.2.1：Select Widget Mode

図7.1.2.2：Flutter inspectorによるデバッグ

Flutter inspectorのPerformance Overlayは、GPU（上部）とCPU（下部）スレッド上のパフォーマンスを表現したものです（図7.1.2.3）。

図7.1.2.3 : Performance Overlay

緑色のバーは現在のフレームを意味します。もし、1フレームあたりの秒数が16ミリ秒を越えると、赤いバーとして表示されます。つまり、GPUスレッドが赤く表示されている場合、画面レンダリングに要する時間が掛かりすぎていることを意味します。また、UIスレッドが赤く表示されている場合は、DartVMでの実装にコストが掛かっている可能性があります。
UIグラフでは問題がなくても、GPUグラフで問題があるケースは、ウィジェットのツリー構造に問題がある可能性があるため、ウィジェットの構造を再構成しましょう。

Slow Animationでは、実行されるアニメーションの描画をスローモーションで表示します。

Debug Paintでは、ウィジェットのボーダー、パディング、アライメント、スペースなどを確認できます（図7.1.2.4）。

図7.1.2.4：Debug Paint

Paint BaselinesはTextのベースラインを可視化してくれます。

図7.1.2.5：Paint Baselines

Repaint Rainbowは、ウィジェットの描画回数を虹の色を使い段階的に表現します。ウィジェットが再描画されると色が変化します。非効率なウィジェットの描画を防ぐ目的で利用されます。

図7.1.2.6：Repaint Rainbow

Debug Bannerでは、次図の通り、デバッグバナーを表示して、デバッグ用アプリを確認できます。

図7.1.2.7：Debug Banner

Timeline

Timelineの画面では、GPU／CPUスレッドでの1フレームごとのパフォーマンスを確認できます。ただし、開発用のプロセスが起動されて実際のパフォーマンスと異なる、debugモードでは利用できません。そのため、Timelineを利用する場合は、profileモードでアプリを実行しましょう。

CPUのFlame Chartでは、各プロセス（表のVSYNCなど）における全体時間と詳細時間を確認できます。詳細なデータを分析したい場合は、JSON形式での出力が可能です。

図7.1.2.8：パフォーマンスの全体画面

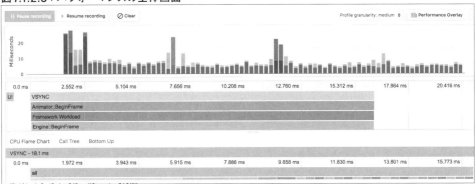

Memory

Memoryでは、メモリパフォーマンスをタイムライン形式で確認できます。

図7.1.2.9：メモリパフォーマンスの全体画面

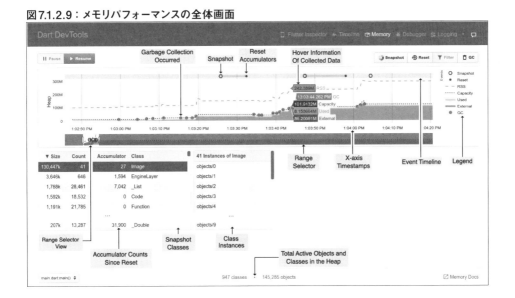

Memoryグラフでは、ヒープメモリの遷移をイベント発生時点と合わせて確認できます。

- Capacity
  アプリに割り当てられているヒープメモリ領域です。
- GC
  Dartが持つガーベージコレクション機能です。不要になったメモリ領域を自動的に解放します。
- Used
  アプリに割り当てられたヒープメモリで既に利用されているメモリ（Dartオブジェクト）です。
- External
  ヒープメモリ以外でもメモリ領域が存在します。ファイルやデコードされたイメージなどのネイティブなオブジェクトがその一例です。Flutter Engineを組み込むためのembedderなどは、各プラットフォームからDartVMに対して渡されるためメモリを圧迫する可能性があります。
- RSS
  RSSはResident Set Sizeのことで、プロセスに割り当てられたメモリ総量を表示します。スタック、ヒープ領域のメモリだけではなく、ロードされたライブラリのメモリも含みます。

図7.1.2.10：メモリパフォーマンスの詳細画面

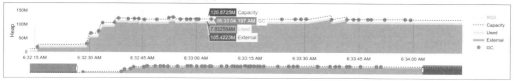

Performance

PerformaceではCPUスレッド上のパフォーマンスを確認できます。スレッドのボトルネック発見を容易にするため、複数のグラフが提供されています。

図7.1.2.11：CPUスレッド上のパフォーマンス画面

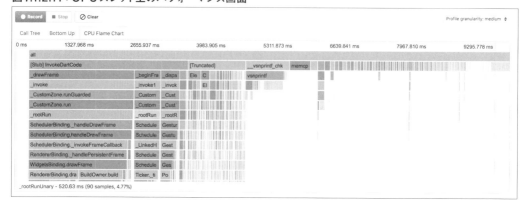

Debugger

Debuggerは、アプリケーションのデバッグ機能を提供します。下記の機能が用意されています。

- コールスタック
- 変数の値
- ブレークポイント
- 検索（ライブラリ）

図7.1.2.12：Debugger画面

Logging

Loggingはアプリ内で発生したログイベントを時系列で確認できます。各イベントごとに異なるデータ形式を持ちます。

図7.1.2.13：Logging画面

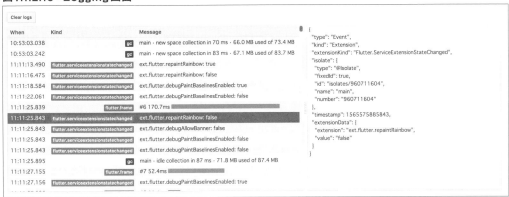

Chapter 7 | 開発の継続

7-1-3 Flutterにおけるビルドの種類

Flutterにはコンパイルにおける3つのモードが用意されています。利用用途に合わせたモードを選択する必要があります。用意されているモードは下記の3つです。

- Debug
- Release
- Profile

Debug

開発でHot Reloadを利用したい際にはDebugモードを選択します。アプリケーションは端末、エミュレータ、もしくはシミュレーター上でデバッグ用にセットアップされます。Debugモードで重要な点は下記の通りです。

- Hot Reload
- コンパイルは開発効率向上に最適化されている（アプリサイズなどは最小化しない）
- DevToolsなどのデバッグツールの利用が可能
- アサーションの有効化
- サービス拡張

アサーション

アサーションは、開発中にブール値を用いて実装をチェックする記述方法です。コード例を以下に示します（コード7.1.3.1）。

コード7.1.3.1：アサーション（assertion.dart）

```
// Make sure the variable has a non-null value.
assert(text != null);

// Make sure the value is less than 100.
assert(number < 100);

// Make sure this is an https URL.
assert(urlString.startsWith('https'));
```

assert内の値がfalseの際には、この機能はAssertionErrorをスローします。また、下記コード例に示す通り、メッセージを追加することも可能です（コード7.1.3.2）。

コード7.1.3.2：アサーションのメッセージ記述

```
assert(urlString.startsWith('https'),
 'URL ($urlString) should start with "https".');
```

なお、標準ではDebugモードが選択されるため、flutter runコマンドはこのモードが実行されます。

Release

アプリケーションをリリースしたい際にはReleaseモードを選択します。
Releaseモードは前述のDebugモードとは違い、エミュレータやシミュレーターではサポートされません。 Debugモードとの違いは下記の通りです。

- アサーションの無効化
- デバッグ情報の未出力
- デバッグツール利用不可
- コンパイルはアプリの起動と実行に最適化されており、かつアプリサイズは最小化されている。
- サービス拡張は利用不可

Releaseモードで実行するためには、**flutter run --release**を実行します。もちろん、統合開発環境（IDE）からも実行可能です。

Profile

Profileモードでは、アプリのパフォーマンスを最適化するための最低限のデバッグ機能が利用できるモードです。 ProfileモードはReleaseモードとほぼ同じですが、下記の点が異なります。

- サービス拡張は利用可能
- DevToolsなどのデバッグツールが利用可能

Profileモードでの実行は、**flutter run --profile**コマンドを実行します。

Chapter 7 | 開発の継続

7-1-4 テスト

アプリケーションに搭載する機能が多くなるほど、手動テストのコストは高くなります。手動テストの
コストを低減させて、より安定したアプリケーションを提供するには、自動テストを利用します。
Flutterで用意されている自動テストは下記の3つです。

- Unitテスト
- ウィジェットテスト
- Integrationテスト

前章「Chapter 6 サンプルアプリの実装」で利用したサンプルアプリを対象に、実際にテストを記述し
てみましょう[2]。

Unitテスト

Unitテストは、単一のファンクションやメソッド、クラスに対して記述します。Unitテストが持つ依
存性は、一般的にはモックにされるべきです。つまり、ディスクからの読み書きは行わず、また、端末
やエミュレータ、シミュレーターなどが持つ画面にも依存しません。Flutterに依存しないDartのみの
部分に対して記述するテストがUnitテストになります。

Dartチームが、testパッケージ[3]を公開しています。
まずは、下記コード例に示す通り、pubspec.yamlにtestパッケージを追加して、testを実行可能な状
態にします（コード7.1.4.1）。

コード7.1.4.1：testパッケージの追加（pubspec.yaml）

```
dev_dependencies:
  test: 1.8.0 # 2019/10/08現在の最新
  flutter_test:
    sdk: flutter
```

上記コード例で分かる通り、テストは開発環境にのみ適用したいため、dev_dependenciesに記載し
ます。 また、パッケージのバージョンは、公式サイトを確認して最新版を利用しましょう。執筆時の
最新版は1.8.0です（2019年10月執筆時）。

2　ソースコードは、https://github.com/AwaseFlutter/Sampleで公開しています。
3　https://pub.dev/packages/test

244

pubspec.yamlに依存性を記述後、**flutter pub get**コマンド、もしくはAndroid StudioかVS
Code上でPackage getのボタンをクリックします。万が一、下記に示すエラーが出力される場合は、
複数のパッケージによる依存性を解決できていません。

コード7.1.4.2：依存性のエラー

```
Because every version of flutter_test from sdk depends on test_api 0.2.4 and test >=1.6.4
depends on test_api 0.2.6, flutter_test from sdk is incompatible with test >=1.6.4.
So, because awase_app depends on both test 1.6.4 and flutter_test any from sdk, version
solving failed.
```

上記の依存性エラーの場合、fluttertestパッケージとtestパッケージそれぞれが依存しているtestapiの
バージョンが異なるため問題が発生しています。このケースでは、testパッケージのバージョンを下げ
ることで、依存性を解消できました（コード7.1.4.3）。

コード7.1.4.3：バージョンダウンによる依存性の解消

```
dev_dependencies:
  test: 1.6.1
  flutter_test:
      sdk: flutter
```

testパッケージを導入したところで、具体的に実装を進めましょう。
今回は**lib/models/user.dart**に対してテストを記述します。まずはクラスを確認しましょう（一部省
略しています）。

コード7.1.4.4：ユーザーモデル（user.dart）

```
@immutable
class User {
  final String id;
  final String name;

  User({ @required this.id, @required this.name }):
    assert(id != null),
    assert(name != null);
}
```

コード例のクラスは、ユーザーのモデル（ドメインオブジェクト）を表現します。プロパティとして、ユー
ザーを識別するユニークなidと、名前を表すnameを持ちます。

Chapter 7 | 開発の継続

具体的にテストを記述しましょう。testファイルを作成しますが、注意する点が2点あります。testファイルの作成場所とtestファイルの命名です。

- testファイルの作成場所
  libディレクトリからテストするクラスが存在する場所までの相対的な位置を、testディレクトリに当てはめて配置します。例えば、user.dartの場合は**lib/models/user.dart**に存在するため、testファイルを作成する位置は **test/models/** 以下になります。
- testファイルの命名
  testファイルは、testするクラスに対して、**_test**のサフィックスを追加して命名するのが一般的です。user.dartの場合、user_test.dartのファイル名で生成します。

続いてテストの準備として、user_test.dartを実行する際に必ず呼ばれるmain関数を実装します。また、testパッケージやuser.dartファイルを利用するため、事前にimportしましょう（コード7.1.4.5）。

コード7.1.4.5：テストの準備

```
import 'package:test/test.dart';
import 'package:awase_app/models/user.dart';

void main() {
    // テストを追加していく
}
```

このクラスに対してテストを記述する前に、Userクラスを整理します。

- Userはイミュータブルなオブジェクトである
- id、nameは必須プロパティである（nullではない）
- id、nameは変更不可である

Userの存在条件は、Dartの言語レベルで制約が掛かっているため、実行するまでもなくコンパイルエラーが生じます。今回の場合、Unitテストを記述する部分は、Userインスタンスの生成後になります。

コード7.1.4.6：テストの追加（user_test.dart）

```
void main() {
    test("生成されたUserインスタンスの値が正しい", (){
    final neonankiti = User(id: "1", name: "neonankiti");

    expect(neonankiti.id, "1");
    expect(neonankiti.name, "neonankiti");
  });
}
```

testパッケージが提供するtestメソッドは、第1引数にテストの内容を記述し、第2引数には期待結果を返す関数を定義します。生成されたインスタンスであるneonankitiのプロパティ（id, name）をexpectメソッドで評価します。

上記のテストを実行します。コマンドラインで実行する場合は、下記コード例に示す通り、**flutter test** コマンドを実行します。

コード7.1.4.7：flutter testコマンドの実行（コマンド）

```
$ flutter test test/models/user_test.dart
00:01 +1: All tests passed!
```

上記に示す通り、テストをパスした旨が表示されれば成功です。Android StudioやVS Codeからテストを実行する際は、下記の通りです。

- Android Studioで実行する場合
  user_test.dartを選択すると、実行ボタンでtestファイルが選択できるため、実行すると同じ結果が得られます。

- VS Codeで実行する場合
  user_test.dartを開いて［Debug］メニューを選択します。デバッグを開始することで、同じ結果が得られます。

続いて、idの期待値を変更して、結果を確認します。

コード7.1.4.8：テストの変更（user_test.dart）

```
void main() {
    test("生成されたUserインスタンスの値が正しい", (){
    final neonankiti = User(id: "1", name: "neonankiti");

    expect(neonankiti.id, "2");
    expect(neonankiti.name, "neonankiti");
  });
}
```

上記の状態でtestを実行します。

Chapter 7 | 開発の継続

コード7.1.4.9：testの実行結果

```
00:01 +0 -1: 生成されたUserインスタンスの値が正しい [E]
  Expected: '2'
    Actual: '1'
     Which: is different.
            Expected: 2
              Actual: 1
                      ^
            Differ at offset 0

  package:test_api                  expect
  test/models/user_test.dart 17:5  main.<fn>
```

上記の通り、エラーが適切に表示されました。期待される値が'2'の文字列であることに対して、実際は'1'であるためエラーを返します。

次は、アプリケーションの仕様変更に伴い、ユーザーは名前を変更することが可能になりました。そこで、Userに名前を変更できるrenameメソッドを追加します。

コード7.1.4.10：ユーザーモデルの変更（user.dart）

```
class User {
  final String id;
  String name;

  User({@required this.id, @required this.name})
      : assert(id != null),
        assert(name != null);

  rename(String newName) {
    assert(newName != null);
    this.name = newName;
  }
}
```

ここでは、nameプロパティがfinalではなくなったことと、renameする際にはnull以外の値が期待されていることに注意しましょう。下記コード例に示す通り、Userオブジェクトの変更に対応するUnitテストを追加します。

コード7.1.4.11：テスト期待値の変更（user_test.dart）

```
// 略
void main() {
  test("Userインスタンスの名前をリネームした結果が正しい。", () {
```

248

```
    final neonankiti = User(id: "1", name: "neonankiti");
    neonankiti.rename("bison");
    expect(neonankiti.name, "bison");
  });
}
```

テストを実行すると、下記に示す通り、成功します。

コード7.1.4.12：testの実行結果

```
00:01 +0: 生成されたUserインスタンスの値が正しい

00:01 +1: 生成されたUserインスタンスの値が正しい

00:01 +1: Userインスタンスの名前をリネームした結果が正しい。

00:01 +2: Userインスタンスの名前をリネームした結果が正しい。

00:01 +2: All tests passed!
```

この通り、Userオブジェクトに対してUnitテストを記述できます。また、テストの実行前後に実行したい処理が別途存在する場合は、下記コード例に示す通り、setUpとtearDownメソッドが利用できます（コード7.1.4.13）。

コード7.1.4.13：setUpとtearDown（user_test.dart）

```
void main() {
  setUp(() async {
    // testを実行する前に初期化したい処理を記述する。
    // 各testが実行される前に初期化される。
  });

  tearDown(() async {
    // testが完了後に実行したい処理を記述する。
  });

    // 実行するtestを記載する。
}
```

ウィジェットテスト

ウィジェットテストは、UIコンポーネントであるウィジェットに対して記述します。コンポーネントテストとも呼ばれます。ウィジェットテストの目的は、UIの振る舞いが正しいことを検証することです。ウィジェットをテストするには、複数のクラスやContextが必要になります。例えば、ユーザーの入力を受け取って描画するなどです。Dartのみの実装クラスに対して記述できたUnitテストとは異なり、Flutterなどフレームワークに依存するクラスに対して記述できるテストです。

テストを記述するためには、pubspec.yamlに依存性の記述が必要ですが、標準で追加されているので実際に記述する必要はありません（コード7.1.4.14）。

コード7.1.4.14：依存性の追加（pubspec.yaml）

```
dev_dependencies:
  flutter_test:
    sdk: flutter
```

続いて、ウィジェットテストの対象を決定します。今回は、main.dartに含まれるMyAppのウィジェットに対してテストを実行します。

また、ウィジェットをテストする際は、下記コード例に示す通り、flutter_testパッケージが提供するtestWidgetsメソッドを追加します（コード7.1.4.15）。第1引数にはテストの内容を、第2引数にはインスタンスを提供する関数WidgetTesterを渡します。このWidgetTesterは与えられたウィジェットをビルドして描画します。

コード7.1.4.15：testWidgetの利用（main_test.dart）

```
void main() {
  testWidgets("起動画面のテスト", (WidgetTester tester) async {
  });
}
```

サンプルアプリを起動した画面では、デフォルトで左端のタブ（Homeタブ）が選択されています。
MyAppを起動した際にビルドされるウィジェットはScaffold Widgetであり、その内部ではBottomNavigationBarがビルドされています（コード7.1.4.16）。

コード7.1.4.16：サンプルアプリの実装（main.dart）

```
class _MyHomePageState extends State<MyHomePage> {
    static final CurrentUserRepository _currentUser = CurrentUserRepository();
  int _selectedIndex = 0;
```

```
    final List<Widget> _pages = <Widget>[
      EventList(currentUser: _currentUser),
      Text(
        'Index 1: Search',
      ),
      Text(
        'Index 2: Account',
      ),
      Text(
        'Index 3: Setting',
      ),
    ];

    void _onItemTapped(int index) {
      setState(() {
        _selectedIndex = index;
      });
    }

    @override
    Widget build(BuildContext context) {
      return Scaffold(
        body: _pages.elementAt(_selectedIndex),
        bottomNavigationBar: BottomNavigationBar(items: const <BottomNavigationBarItem>[
          BottomNavigationBarItem(
            icon: Icon(Icons.home),
            title: Text('ホーム'),
          ),
          BottomNavigationBarItem(
            icon: Icon(Icons.search),
            title: Text('検索'),
          ),
          BottomNavigationBarItem(
            icon: Icon(Icons.account_box),
            title: Text('アカウント'),
          ),
          BottomNavigationBarItem(
            icon: Icon(Icons.settings),
            title: Text('設定'),
          ),
        ],
          currentIndex: _selectedIndex,
          selectedItemColor: Colors.amber[800],
          unselectedItemColor: Colors.grey[800],
          onTap: _onItemTapped,),
        floatingActionButton: FloatingActionButton(
          onPressed: () { Navigator.of(context).pushNamed(Nav.SIGN_IN); },
          tooltip: 'Increment',
          child: Icon(Icons.add),
        ), // This trailing comma makes auto-formatting nicer for build methods.
      );
    }
}
```

Chapter 7 | 開発の継続

BottomNavigationBarで左端が選択されている場合、titleには「**ホーム**」が表示されます。実際のテストは次に示すコード例となります。

コード7.1.4.17：サンプルアプリへのテスト追加（main_test.dart）

```
void main() {
  testWidgets("起動画面のテスト", (WidgetTester tester) async {
    await tester.pumpWidget(MyApp());
    expect(find.text("ホーム"), findsOneWidget);
  });
}
```

WidgetTesterはpumpWidgetによりMyApp Widgetをビルドし描画します。つまり、起動時の画面が表示されます。その際に「**ホーム**」のtitleを持つウィジェットが1つ存在すればいいため、上記の通りに記述します。

findとfindsOneWidgetは共にflutter_testパッケージに含まれるメソッドです。findはFindersクラス、findsOneWidgetはMatcherクラスに含まれます。findsOneWidget以外にもfindsWidgets、findsNothing、findsNWidgetsなどのメソッドも提供されています。

上記のテストを実行すると、下記の通り、成功します（コード7.1.4.18）。

コード7.1.4.18：テストの実行結果

```
00:02 +0: 起動画面のテスト

00:02 +1: 起動画面のテスト

00:02 +1: All tests passed!
```

次は、他のタブ（検索タブ）に移動した際に、titleが適切に変化するかを確認します。

コード7.1.4.19：テストの実行（main_test.dart）

```
void main() {
  testWidgets("起動画面のテスト", (WidgetTester tester) async {
    await tester.pumpWidget(MyApp());
    expect(find.text("ホーム"), findsOneWidget);

    await tester.tap(find.byIcon(Icons.search));
    await tester.pump();
    expect(find.text("検索"), findsOneWidget);
  });
}
```

WidgetTesterのtapメソッドを利用し、Finderでウィジェットツリーから検索アイコンを検索してタップします。MyHomePage Widgetは現在表示しているタブのindexを保持しているStatefulWidget（setStateメソッドを呼んでいる）であるため、値が変更されると再ビルドの必要があります。しかし、テスト環境では再ビルドされないため実装する必要があります。そのため、tapメソッドを呼び出したあとには、WidgetTesterのpumpメソッドを呼び出します。

これを実行すると、下記の通り、成功します（コード7.1.4.20）。

コード7.1.4.20：テストの結果

```
00:02 +0: 起動画面のテスト

00:02 +1: 起動画面のテスト

00:02 +1: All tests passed!
```

Integrationテスト

Integrationテストは、ウィジェットテストの対象であるUIコンポーネントだけではなく、サービスの挙動も含めて検証します。Integrationテストは、実機またはエミュレータ、シミュレーターで実行されます。そのため、Unitテストやウィジェットテストとは異なり、アプリケーションとしてデプロイ可能である必要があります。

テストを記述するためには、まず依存性をpubspec.yamlに記述します。これまでと同様にflutter package pub getコマンドを実行して依存性を解決します。

コード7.1.4.21：依存性の追加（pubspec.yaml）

```
dev_dependencies:
  flutter_driver:
    sdk: flutter
```

Integrationテストは、Unitテストやウィジェットテストとは異なるプロセスで実行されるため、testディレクトリとは違うディレクトリにファイルを作成します。慣習的にtest_driverの名のディレクトリが使われます。

Integrationテストを作成する際には、2種類のファイルを作成します。1つは、アプリのインストルメント化された内容を含むファイルです。ここでは、**test_driver/app.dart**とします。インストルメント化とは、アプリのパフォーマンスを監視・測定する機能を指します。もう1つは、テストスイートを含むファイルです。このファイルは具体的に実行するテストの集合体を含みます。このファイル名は

Chapter 7 | 開発の継続

インストルメント化されたファイル名のサフィックスに **_test** を付加する必要があるため、ここでは、**test_driver/app_test.dart** とします。

インストルメント化ファイル

インストルメント化ファイルは、下記の通りです（コード7.1.4.22）。
enableFlutterDriverExtension()はFlutter Driverの拡張機能を利用可能にします。app.main()はmain.dartクラスのアプリ実行クラスを呼び出しており、実際にはrunAppが呼ばれています。

コード7.1.4.22：インストルメント化（app.dart）

```
import 'package:flutter_driver/driver_extension.dart';
import 'package:awase_app/main.dart' as app;

void main() {
  enableFlutterDriverExtension();
  app.main();
}
```

テストスイートファイル

説明に入る前に、テストスイートファイルの全実装を記載します（コード7.1.4.23）。

コード7.1.4.23：テスト実装全体（app_test.dart）

```
import 'package:flutter_driver/flutter_driver.dart';
import 'package:test/test.dart';

void main() {
  group('AwaseAppの起動テスト', () {
    final searchFinder = find.byValueKey('search');
    final pageFinder = find.byValueKey('page');

    FlutterDriver driver;

    setUpAll(() async {
      driver = await FlutterDriver.connect();
    });

    tearDownAll(() async {
      if (driver != null) {
        driver.close();
      }
    });
```

```
    test('検索ページを開くテスト', () async {
      // First, tap the button.
      await driver.tap(searchFinder);

      expect(await driver.getText(pageFinder), "2");
    });
  });
}
```

上記コード例では、まずtestパッケージによるgroupメソッドを利用して、テストケースをその内部に
実装していきます。このテストはインストルメント化されたDriverからアプリにアクセスする必要があ
り、テスト実行前にFlutterアプリとDriverを接続します。それがFlutterDriver.connectで記述されて
いる部分です。

そして、driverから特定ウィジェットを操作するには、Finderクラスを利用します。テストスイート側
で特定ウィジェットにアクセスするには、main.dartクラスの特定ウィジェットに対してkeyを設定す
る必要があります。今回は、アプリ起動後に左から2個目のタブである検索タブをタップして、再ビル
ドされるウィジェットをテストするため、下記コード例に示す実装となっています。

コード7.1.4.24：サンプルアプリへのテスト追加（main.dart）

```
class _MyHomePageState extends State<MyHomePage> {
    List<Widget> _pages() => [
        EventList(currentUser: _currentUser),
        Text(
                '$_selectedIndex',
                key: Key("page"),
                ),
    ];

    @override
    Widget build(BuildContext context) {
        return Scaffold(
          body: _pages().elementAt(_selectedIndex),
          bottomNavigationBar: BottomNavigationBar(
                  items: const <BottomNavigationBarItem>[
                  BottomNavigationBarItem(
                      icon: Icon(Icons.home),
                      title: Text('ホーム'),
                      ),
                  BottomNavigationBarItem(
                      icon: Icon(Icons.search, key: Key("search")),
                      title: Text('検索')),
                  BottomNavigationBarItem(
                      icon: Icon(Icons.account_box), title: Text('アカウント')),
                  BottomNavigationBarItem(
```

Chapter 7 | 開発の継続

```
                    icon: Icon(Icons.settings), title: Text('設定')),
                  ],
                  currentIndex: _selectedIndex,
                  selectedItemColor: Colors.amber[800],
                  unselectedItemColor: Colors.grey[800],
                  onTap: _onItemTapped),
          floatingActionButton: FloatingActionButton(
            onPressed: () {
              Navigator.of(context).pushNamed(Nav.SIGN_IN);
            },
            tooltip: 'Increment',
            child: Icon(Icons.add)
            ),
        );
    }
}
```

Scaffold Widgetのbodyでは、タップされたタブの位置に応じたテキストが返されます。検索タブをタップした場合、'1'の文字列を含むウィジェットが返されます。そのTextに**Key("page")** を追加することで、テストスイート側から参照可能な状態にします。同様に、タップするためのコンポーネントをテストスイート側が参照するために、BottomNavigationBarItemのIconに**Key("search")** を追加します。

以上でmain.dartの設定は完了です。次はapp_test.dartに戻りましょう。

┃ コード7.1.4.25：Keyの追加（app_test.dart）

```
import 'package:flutter_driver/flutter_driver.dart';
import 'package:test/test.dart';

void main() {
  group('AwaseAppの起動テスト', () {
    final searchFinder = find.byValueKey('search');
    final pageFinder = find.byValueKey('page');

    FlutterDriver driver;

    setUpAll(() async {
      driver = await FlutterDriver.connect();
    });

    tearDownAll(() async {
      if (driver != null) {
        driver.close();
      }
    });

    test('検索ページを開くテスト', () async {
      await driver.tap(searchFinder);
```

```
        expect(await driver.getText(pageFinder), "2");
    });
  });
}
```

上記コード例に示す通り、先ほど追加したKeyを参照するため、Finderクラスを利用してkey検索を実行します。既にテスト実行前の処理であるsetUpは完了しており、検索ページを開くには、アプリ起動後に検索アイコンをタップする必要があります。

そこでkey検索をかけたFinderクラスであるsearchFinderをdriver経由で実行します。これでタップが完了するため、タップ成功を確認するにはその画面に何が表示されているかを確認します。

今回はkey検索をかけたFinderクラスであるpageFinderを利用し、文字列を取得します。

テストの実行にはコマンドラインで、**flutter drive --target=test_driver/app.dart**を実行します。

コード7.1.4.26：テスト結果

```
00:02 +0 -1: AwaseAppの起動テスト 検索ページを開くテスト [E]
  Expected: '2'
    Actual: '1'
     Which: is different.
            Expected: 2
              Actual: 1
                      ^
             Differ at offset 0
```

残念ながらエラーが出力されています。期待値は2になっていますが、実際は1が返ってきています。詳細を確認してみましょう。

コード7.1.4.27：期待値の確認（main.dart）

```
class _MyHomePageState extends State<MyHomePage> {
    List<Widget> _pages() => [
        EventList(currentUser: _currentUser),
        Text(
                '$_selectedIndex',
                key: Key("page"),
                ),
    ];

    @override
    Widget build(BuildContext context) {
        return Scaffold(
          body: _pages().elementAt(_selectedIndex),
          bottomNavigationBar: BottomNavigationBar(
                    items: const <BottomNavigationBarItem>[
                    BottomNavigationBarItem(
```

Chapter 7 | 開発の継続

```
                        icon: Icon(Icons.home),
                        title: Text('ホーム'),
                        ),
                        BottomNavigationBarItem(
                            icon: Icon(Icons.search, key: Key("search")),
                            title: Text('検索')),
                        BottomNavigationBarItem(
                            icon: Icon(Icons.account_box), title: Text('アカウント')),
                        BottomNavigationBarItem(
                            icon: Icon(Icons.settings), title: Text('設定')),
                        ],
                        currentIndex: _selectedIndex,
                        selectedItemColor: Colors.amber[800],
                        unselectedItemColor: Colors.grey[800],
                        onTap: _onItemTapped),
                floatingActionButton: FloatingActionButton(
                    onPressed: () {
                        Navigator.of(context).pushNamed(Nav.SIGN_IN);
                    },
                    tooltip: 'Increment',
                    child: Icon(Icons.add)
                    ),
            );
        }
}
```

main.dartを確認すると検索ページを開く場合、検索ページの**_selectedIndex**は'1'になるはずでした。期待値に合わせてapp_test.dartを修正します。

コード7.1.4.28：テストの修正（app_test.dart）

```
void main() {
  group('AwaseAppの起動テスト', () {
        // 省略

    test('検索ページを開くテスト', () async {
      await driver.tap(searchFinder);

      expect(await driver.getText(pageFinder), "1");
            // "2"ではなく、"1"に修正
    });
  });
}
```

上記コード例に示す通り、検索ページを開いた際の期待値を修正します。この値が、期待値である文字列の'1'であればテストは成功です。テストを実行するにはコマンドラインで、再度**flutter drive --target=test_driver/app.dart**を実行します。

258

コード7.1.4.29：テストの実行と結果（コマンド）

```
Using device iPhone X.
Starting application: test_driver/app.dart
Running Xcode build...

 ├─Assembling Flutter resources...                               1.4s
 └─Compiling, linking and signing...                             ^R
    6.7s
Xcode build done.                                              11.5s
flutter: Observatory listening on http://127.0.0.1:55947/8NwhrMOlusA=/
00:00 +0: AwaseAppの起動テスト (setUpAll)
[info ] FlutterDriver: Connecting to Flutter application at http://127.0.0.1:55947/8NwhrMO
lusA=/
[trace] FlutterDriver: Isolate found with number: 541199829
[trace] FlutterDriver: Isolate is paused at start.
[trace] FlutterDriver: Attempting to resume isolate
[trace] FlutterDriver: Waiting for service extension
[info ] FlutterDriver: Connected to Flutter application.
00:01 +0: AwaseAppの起動テスト 検索ページを開くテスト
00:01 +1: AwaseAppの起動テスト (tearDownAll)
00:01 +1: All tests passed!
Stopping application instance.
```

上記に示す通り、シミュレーター上で実際に実行され、テストを通過しました。

7-1-5 継続的インテグレーション

継続的インテグレーションとはDevOpsの開発手法です。コードの変更をメインレポジトリに定期的にマージし、マージをきっかけにビルドとテストを実行することを意味します。継続的インテグレーション（CI）サービスを利用すると、新しいコードを追加した際に自動的にテストが実行されます。つまり、追加したコードが既存のソースコードに影響を与えるかどうかを継続的にチェックし、バグの混入を防ぐことが可能になります。具体的なサービスに関しては、後述の「7-2-3 CIとCD」で紹介します。

Chapter 7 | 開発の継続

7-2

デプロイメント

本節では、Flutterで実装したアプリケーションを実際にリリースする方法を紹介します。

Flutterはクロスプラットフォームのフレームワークです。可能であれば、iOS版とAndroid版両方のアプリをリリースしたいものです。iOSとAndroidではそれぞれ必要なファイルやアカウント、公開先が異なります。各OSの違いを理解しつつ、開発したアプリケーションを公開していきましょう。

また、リリース後に継続的に運用するために便利なツールも紹介します。

7-2-1 iOS版のリリース

Flutterで作成したアプリケーションをAppleが提供するApp Storeに公開する方法を紹介します。

Flutterで作成したアプリケーションであっても、他のiOSアプリケーションの公開方法と特に大きな違いがあることはありません。本項ではFlutter特有の部分を中心に紹介しましょう。

難読化

FlutterはDart言語で動くクロスプラットフォームフレームワークです。ビルドしたアプリケーションにはDartVMと呼ばれるDart言語用の仮想マシンと、Flutter用ライブラリに加えて開発したDart言語のソースコードが含まれています。Dart言語のソースコードはそのまま含まれているので、万が一、アプリケーションを解析されると、ソースコードが丸見えになってしまいます。

そこでDart言語のソースコードを難読化する必要があります。難読化とは、コンパイラは問題なく理解できるソースコードだが、人間が理解しにくい形に変換することです。Flutterでも難読化の機能が用意されているので、早速実行しましょう。

まずは、Flutterのインストールされているフォルダにある**xcode_backend.sh**[1]を編集します。

build aotを実行している部分に**${extra_gen_snapshot_options_or_none}**を追加します。次に具体的なコード例を示します（コード7.2.1.1）。

1　<FlutterRoot>/packages/flutter_tools/bin/xcode_backend.sh

260

コード7.2.1.1：xcode_backend.shの編集

```
RunCommand "${FLUTTER_ROOT}/bin/flutter" --suppress-analytics \
    ${verbose_flag} \
    build aot \
    --output-dir="${build_dir}/aot" \
    --target-platform=ios \
    --target="${target_path}" \
    --${build_mode} \
    --ios-arch="${archs}" \
    ${flutter_engine_flag} \
    ${local_engine_flag} \
    ${track_widget_creation_flag} \
    ${extra_gen_snapshot_options_or_none}
```

そして、下記のコード例（コード7.2.1.2）を、上記のコードの前に追加します。

コード7.2.1.2：xcode_backend.shへの追加

```
local extra_gen_snapshot_options_or_none=""
if [[ -n "$EXTRA_GEN_SNAPSHOT_OPTIONS" ]]; then
  extra_gen_snapshot_options_or_none="--extra-gen-snapshot-options=$EXTRA_GEN_SNAPSHOT_
OPTIONS"
fi
```

続いて、プロジェクトのフォルダに移動して、Release.xcconfig[2]を編集します。
こちらでは**EXTRA_GEN_SNAPSHOT_OPTIONS=--obfuscate**を最後に追加します。
以上で、**flutter build ios**コマンドでビルドすると、Dart言語のソースコードが難読化されます。

Release用のビルド

iOSのアプリケーションをApp Storeに公開するために、Flutterで必要となる手順を説明します。
Flutterで開発されたiOSアプリケーションも、ネイティブで開発されたアプリケーションと公開の手順は特に変わりません。Apple IDやApple Developer Programへの登録、Bundle IDの登録などは、ネイティブで開発されたアプリケーションとまったく同じです。
アプリケーションの公開などに関しては、Appleの開発者向けのドキュメント[3]を参照してください。
iOSのバージョンアップのタイミングなどで規約が修正されることが多々あるので、定期的に確認することをおすすめします。

2　<ProjectRoot>/ios/Flutter/Release.xcconfig
3　https://developer.apple.com/jp/distribute/

Chapter 7 | 開発の継続

プロジェクトファイルはRunner.xcodeproj[4]となります。このプロジェクトファイルを開いて、証明書などの各種設定を完了しましょう。設定完了後は、**flutter build ios**を実行します。実行が問題なく終われば、**Runner.xcodeproj**をXcodeで開きます。あとはiOSで試しに動かしたり、アーカイブを作成して、App Store Connect経由でApp Storeに公開したりすることが可能です。

ただし、公開するためにはAppleの審査などが必要です。App Iconの用意やiOS Human Interface Guidelineを遵守しているかなどを確認して、審査を受けましょう。

7-2-2 Android版のリリース

Flutterで作成したアプリケーションをGoogle Play Storeで公開する方法を紹介します。
Androidは作成したアプリケーションを端末に直接インストールすることも可能です。しかし、基本的には、Googleが提供するGoogle Play Storeからアプリケーションを取得します。したがって、本項でも、Google Play Storeに公開する手順を紹介しましょう。

Google Play Consoleへの登録

iOSと同様ですが、Flutterで作成したアプリケーションも他のAndroidアプリケーションの公開方法と変わることはありません。まずは、Google Play Storeへのアプリケーションを公開するためのWebサイトであるGoogle Play Console[5]で登録しましょう。
登録にはGoogleアカウントと登録料(2019年10月現在25ドル＋税)が必要です。 Google Play Consoleにログイン可能になったら登録は完了です。

ランチャーアイコンの設定

ランチャーアイコンとは、次図に示す、端末に表示されるアイコンを指します(図7.2.2.1)。

Flutterアプリを生成した際には、標準のアイコンが自動的に設定されます。具体的なアイコンの設定方法に関しては、Product icons[6]を参考にしてください。また、Android Studioを使用している場合は、Image Asset Studio[7]を使ってアイコンを作成することも可能なので、参考にしてください。

4 　<ProjectRoot>/ios/Runner.xcodeproj
5 　https://play.google.com/apps/publish
6 　https://material.io/design/iconography/
7 　https://developer.android.com/studio/write/image-asset-studio

図7.2.2.1：ランチャーアイコンの例

アイコンの作成が完了すれば、アイコンをアプリに設定します。AndroidManifest.xmlファイルのapplicationタグの属性で、**android:icon**に対して、ランチャーアイコンとして設定するリソースを設定します。

ちなみに、標準では**@mipmap/ic_launcher**が設定されています。そのため、**<app-dir>/android/app/src/main/res/mipmap-*****にある各種画像ファイルを上書きすることでも対応できます。なお、設定後に一度実行することで、アイコンの変更が可能になります。

コード7.2.2.2：ランチャーアイコンの設定（AndroidManifest.xml）

```
<application android:icon="@mipmap/ic_launcher" .... />
```

署名

Android版のアプリケーションをGoogle Play Storeで公開するには、アプリは誰が作成したものかを特定するための署名が必要になります。Androidでは、キーストアとエイリアスを利用して、署名を行います。キーストアの作成方法は、下記に示すコマンドをターミナルで実行します。macOSならびにWindows環境でのキーストア作成方法を示します（コード7.2.2.3～コード7.2.2.4）。

コード7.2.2.3：キーストアの作成（macOS）

```
$ keytool -genkey -v -keystore ~/key.jks -keyalg RSA -keysize 2048 -validity 10000 \
  -alias key
```

コード7.2.2.4：キーストアの作成（Windows）

```
% keytool -genkey -v -keystoe c:/Users/USER_NAME/key.jks -keyalg RSA -keysize 2048 \
  -validity 10000 -alias key
```

Chapter 7 | 開発の継続

キーストアは厳重に管理し、決して公開することのないように保管しましょう。

なお、keytoolはJava SDKが含むコマンドであるため、手元の開発環境に存在しないことがあります。
上記のkeytoolコマンドが存在しない場合、**flutter doctor -v**で出力される内容で「**Java binary at:**」に
マッチした以降のパスを特定してください。そして、javaをkeytoolで置き換えてください。

キーストアの作成後はアプリから参照する必要があるため、その設定方法を説明します。
<app dir>/android/keystore.properties の名前でファイルを作成して、ファイルの内容は、下記コー
ド例に示す通りにします（コード7.2.2.5）。

コード7.2.2.5：キーストアプロパティの作成（keystore.properties）

```
storePassword=<キーストア作成時のパスワード>
keyPassword=<キーストア作成時のパスワード>
keyAlias=key
storeFile=<キーストアのパス>
```

この**keystore.properties**ファイルも前述のキーストアファイルと同様、厳重に管理しましょう。

アプリからキーストアを参照できる状態になったので、Androidのビルド時に署名します。
Androidでは、ビルドのシステムにgradleを利用しているため、下記コード例に示す通り、build.
gradleファイルに記述します（コード7.2.2.6）。

コード7.2.2.6：キーストアプロパティの参照（build.gradle）

```
def keystoreProperties = new Properties()
def keystorePropertiesFile = rootProject.file('keystore.properties')
if (keystorePropertiesFile.exists()) {
    keystoreProperties.load(new FileInputStream(keystorePropertiesFile))
}

android {
  signingConfigs {
    release {
        keyAlias keystoreProperties['keyAlias']
        keyPassword keystoreProperties['keyPassword']
        storeFile file(keystoreProperties['storeFile'])
        storePassword keystoreProperties['storePassword']
    }
  }
  buildTypes {
      release {
          signingConfig signingConfigs.release
      }
  }
}
```

上記でビルドモードをリリースにすると、自動的に作成したキーストアに保存しているエイリアスでの署名が完了します。

難読化

一般的にリリースするアプリケーションでは、サイズを小さくしたり、リバースエンジニアリングを防ぐため最小化・難読化を実施します。Flutterの標準状態では、難読化と最小化は無効にされています。

まずは、**android/app/**ディレクトリ以下に、proguard-rules.proの名前でファイルを作成します。Flutter内の実装を保護するために、下記コード例に示す内容を追加します（コード7.2.2.7）。もし、Firebaseなどの他のライブラリが存在する場合は、そのソースを追加します。

コード7.2.2.7：Flutterソースの難読化（proguard-rules.pro）

```
## Flutter wrapper
-keep class io.flutter.app.** { *; }
-keep class io.flutter.plugin.**  { *; }
-keep class io.flutter.util.**  { *; }
-keep class io.flutter.view.**  { *; }
-keep class io.flutter.**  { *; }
-keep class io.flutter.plugins.**  { *; }
```

proguard-rules.proへの設定が完了したら、下記コード例に示す通り、リリースアプリでの最小化と難読化をbuild.gradleに追加します（コード7.2.2.8）。

コード7.2.2.8：アーティファクトの最小化と難読化（build.gradle）

```
android {

    ...

    buildTypes {

        release {

            signingConfig signingConfigs.release

            minifyEnabled true
            useProguard true

            proguardFiles getDefaultProguardFile('proguard-android.txt'),
                        'proguard-rules.pro'
```

```
            }
        }
    }
```

以上で、難読化の設定は完了です。

ビルド設定の確認

リリース前にbuild.gradleの設定が正しいか確認します。
<app dir>/android/app/build.gradle内に移動します。

- applicationId
- versionName, versionCode
- minSdkVersion, targetSdkVersion

applicationIdはアプリケーションを識別するためのidです。

versionCodeはインクリメンタルな数値です。
Google Play Storeで更新する際には、この値をインクリメントする必要があります。
versionNameは、Google Play Storeにも公開されるアプリケーションのバージョン文字列です。例えば、1.0.0などの文字列です。このバージョン情報は、pubspec.yamlのversionプロパティに設定することも可能です。
minSdkVersionは対応するAndroid OSの最小バージョンです。これ以下のバージョンではアプリケーションのインストールができません。

targetSdkVersionはアプリが利用するSDKのバージョンを指定します。基本的には最新バージョンの利用をすすめます。しかし、minSdkVersionでサポートしている下位OSに対する、後方互換性には十分注意を払いましょう。

リリースビルドの実行

Androidではアプリケーションをリリースする方法が2つあります。

- App Bundleの利用
- apkの利用

App Bundleの利用

Android App Bundle（以降はApp Bundle）とは、Androidアプリケーションを配信する際に使用できる新しいファイルフォーマットです。App Bundleを利用すると、利用する端末のアーキテクチャや画面の解像度などに合わせて、最適なアプリケーションの配布が可能です。詳しくは、公式サイト[8]の解説を参照してください。

FlutterでもApp Bundleの利用が可能です。**flutter build appbundle**を実行します。
標準でリリースモードが設定されており、**<app dir>/build/app/outputs/bundle/release/app.aab**にアウトプットファイルが生成されます。**armeabi-v7a（32-bit）**と**arm64-v8a（64-bit）**に対応しています。

apkの利用

シチュエーション次第ではApp Bundleを利用できないケースもあるため、その場合はapkを利用します。**armeabi-v7a（32-bit）**と**arm64-v8a（64-bit）**に対応したい場合は、**flutter build apk --split-per-abi**を実行します。下記のURIにapkファイルが出力されます。

- **<app dir>/build/app/outputs/apk/release/app-armeabi-v7a-release.apk**
- **<app dir>/build/app/outputs/apk/release/app-arm64-v8a-release.apk**

もし、全ABI向けに配信するケースでは、**--split-per-abi**を除きます。ただし、ファイルサイズが大きくなります。これでリリース用のアウトプットファイルが生成できました。

以上で、FlutterにおけるAndroidアプリケーションのリリース作業は完了です。あとは、Google Play Developer Consoleを利用して、Google Play Storeに必要なテキストや画像と共にアップロードすれば、配信ができます。

---

8 https://developer.android.com/platform/technology/app-bundle/index.html

Chapter 7 | 開発の継続

7-2-3 CIとCD

アプリケーションは開発して各種アプリストアに公開すれば、それで終わり！ではありません。ユーザーにより便利な機能を追加したりバグを修正したりするなど、継続的にアプリケーションを改善・運用していく必要があります。しかし、開発直後の状態で、改善しながら運用するのは手間が掛かります。これまで説明してきた作業をアプリケーション更新のたびに実施するのは大変です。ある程度自動化して任せたいところです。

そこで活用できるのがCI／CDサービスです。本項では、このサービスの概念を説明するとともに、どのようなことが自動化できるのか紹介しましょう。

CI／CDサービスとは?

CI／CDサービスとは、継続的インテグレーション（Continuous Integration）と継続的デリバリー（Continuous Delivery）を提供するアプリケーションです。

継続的インテグレーションとはソースコードが変更された場合、自動的にビルドやテストを実施する手法です。例えば、ソースコードをgitなどでpushしたとき、自動でビルドを実行することで、ソースコードがきちんとビルドされるのか、テストできる状態なのかを確認できます。

継続的デリバリーとは、ソースコードが変更された場合、自動でリリース作業を実行してくれる手法です。例えば、ソースコードをgitなどで特定ブランチにpushしたとき、ビルドを実行してアプリケーションのリリースまでを自動で実施してくれることを指します。

CI／CDサービスはこの2つを実現するためのアプリケーションです。GitHubなどにあるリポジトリの変更を検知して、ビルドやデプロイを自動で実行することが可能です。CI／CDサービスは数多く存在しますが、本項ではFlutterに特化した機能を持っている、CodeMagicとBitriseを紹介します。

CodeMagic

CodeMagicとは、Flutter専用のCI／CDサービスです。Flutter専用であるため、ほかのCI／CDサービスと比べると設定項目も少なく、比較的簡単にはじめられます。ここでは、既にGitHubのリポジトリにFlutterアプリケーションがあることを前提に、CodeMagicでビルドする流れを追うことで、その使い方を学んでいきましょう。

まずは、CodeMagicの公式サイト[9]にアクセスしましょう。

図7.2.3.1：CodeMagicの公式サイト

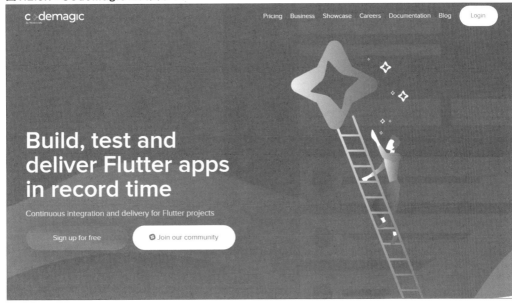

GitHubやBitbucketなどのアカウントでログインが可能です（図7.2.3.1）。リポジトリのあるアカウントでログインすると、アクセスしやすいので便利です。

図7.2.3.2：リポジトリ一覧

ログインすると、上図に示す通り、アクセス可能なリポジトリが一覧で表示されます（図7.2.3.2）。一覧の左側にFlutterのマークがあるものが、Flutterのリポジトリです。右側の［Start your first build］ボタンをクリックすると、ビルドがはじまります。

9　https://codemagic.io/

図7.2.3.3：ビルド状況

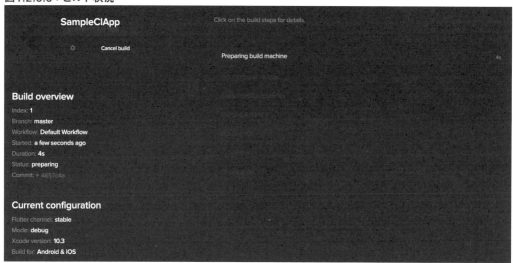

設定は特に必要ありません。ビルドを指示するだけでiOSとAndroidのビルドが開始します。
ビルドが成功すると、ビルドの成果物がビルド結果の左側に表示されダウンロードできます（図7.2.3.4）。

図7.2.3.4：Artifacts

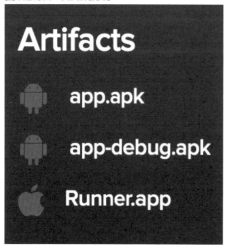

以上で、CodeMagicによるビルドは完了です。もちろん、さまざまなカスタマイズも可能です。

Bitrise

Bitriseはモバイル用アプリケーションに特化したCI/CDサービスです。iOSやAndroid、Xamarin、React Nativeなど各種モバイルアプリケーション用のフレームワークに特化しているので、モバイルアプリケーションのみを扱うCI／CDサービスを探しているのであれば、Bitriseを選択肢の1つにするのもよいでしょう。もちろん、Flutterにも対応しています。

本項では、既にGitHubのリポジトリにFlutterアプリケーションがあることを前提に、Bitriseでビルドする流れを追うことで、Bitriseの使い方を紹介します。まずは、Bitriseの公式サイト[10]にアクセスしましょう。

図7.2.3.5：Bitriseの公式サイト

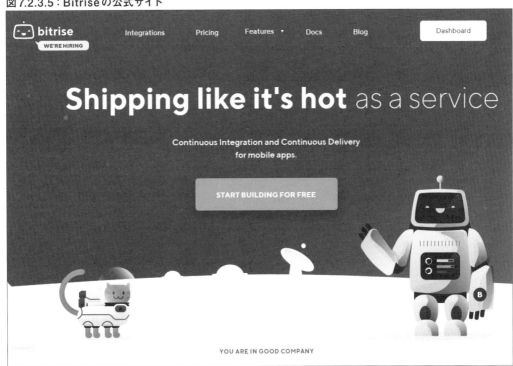

Bitriseも前述のCodeMagicと同様、GitHubやBitbucketなどのアカウントでログイン可能です。ログインするとダッシュボード画面に遷移します。[Add New App]をクリックすれば、設定するリポジ

---
10 https://www.bitrise.io/

トリの選択が可能となります。

図7.2.3.6：リポジトリの選択

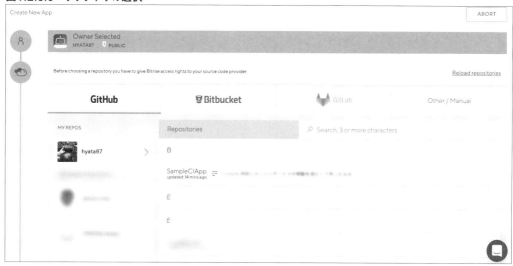

CI／CDサービスを利用するリポジトリを選択すれば、あとは指示に従って必要な項目を選択すれば、設定は完了です（図7.2.3.6）。

図7.2.3.7：ブランチの指定

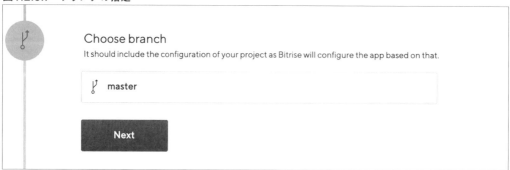

また、ブランチを指定すると、Bitrise側がgit cloneを実行して、どんなプロジェクトなのかを解析してくれます（図7.2.3.7）。本項で指定したリポジトリであれば、次図に示す通り、Flutterを指定してくれるでしょう（図7.2.3.8）。

図7.2.3.8：Flutterの指定

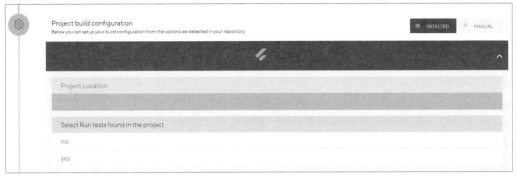

すべての設定が完了すれば、最後に次図に示す画面になります（図7.2.3.9）。

図7.2.3.9：設定完了

設定完了後の状態でクリックすれば、ビルドが自動ではじまります（図7.2.3.10）。

図7.2.3.10：ビルド中の画面

設定に問題なければ、次図に示す通り、ビルドは完了となります（図7.2.3.11）。

図7.2.3.11：ビルド完了

以上で、Bitriseでのビルドは完了です。

本節では、Flutterで実装したアプリケーションを、実際にApple App StoreやGoogle Play Storeにリリースする方法や、継続的にリリースするためのサービスを紹介しました。

ここまで読み進めたのであれば、自らFlutterでモバイル向けアプリケーションを実装して、一般ユーザー向けに公開する一連の流れを把握できたはずです。しかし、リリースはまだ一歩目に過ぎません。これから公開アプリケーションに対して、さらなる改善やバグを修正して、ユーザー満足度を高めることが重要になってきます。その際に、本項で学んだことを活かして、より良いアプリケーション開発に励んでいただければ幸いです。

APPENDIX

Flutter 1.9

Flutter 1.9の最新情報を紹介しましょう。Flutterは1年に4回、およそ3ヶ月ごとに最新版をリリースしており、このバージョンは本書執筆時での最新バージョン[1]です。

本バージョンには新しいAPIの追加やバグフィックス、さらにはUIコンポーネントの追加や互換性を崩す変更など、さまざまな変更が含まれています。特に大きな機能としては以下の3つが挙げられます。

- Appleの最新OSサポート
- Dart 2.5
- Flutter Webの統合

本項では、Dart 2.5とFlutter Webを詳しく説明しましょう。

Dart 2.5

Dart 2.5では、以下の2つの機能が技術プレビューとして実装されています。いずれもあくまでもプレビューであるため本番環境での利用には適しませんが、将来的に正式版になる可能性があるため説明しましょう。

- `ML Complete`
- `dart:ffi`

ML Complete

ML Completeは機械学習を利用したコード補完機能です。コード補完機能は搭載APIが増えるにつれ補完候補が増えるため、徐々に必要なものを選ぶのが大変になってきます。そこでDartの開発チームはGithHub上にあるDartコードを解析して、次に入力されるコードを推測するモデルをTensorFlow Liteで作成しました。このモデルのスコアを使って補完候補を並び替えることで、より有益な補完候補が上位に来るようになります。

例えば、nowと呼ばれるDateTimeのオブジェクトがあった場合、tomorrowの名前の変数が候補に出るなど、従来の保管機能ではあまり実現されていなかった機能も実現されています。

この機能はエディタの補完機能を拡張するもののため、対応するエディタでのみ有効になります。Flutter 1.9リリース時点では、Android StudioとIntelliJ、VS Codeがサポートされています。オプトインする必要があるため、Android Studioでは、Action MenuのRegistry設定から、**dart.server.additional.arguments**に

1　https://github.com/flutter/flutter/wiki/Flutter-build-release-channels

`--enable-completion-model`を設定して再起動してください。この設定を行うことで、Android Studioの補完機能がML Completeを利用可能になります（図A1.1）。

図A1.1：ML Completeの有効化

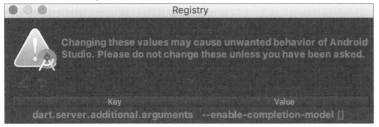

dart:ffi

`dart:ffi`はDartのForeign Function Interface（FFI）用の機能です。これまでもDart VMのネイティブ実行機能を使ってCのコードを利用できましたが、Flutterから利用する場合は手順が煩雑であり、使いにくいものでした[2]。新たに`dart:ffi`が登場したことで、Flutterからの利用が容易になりました。ただし、現時点では技術プレビューであるため、まだパフォーマンスなどいくつかの制限が存在します。

コード例[3]を示して説明しましょう。下記に示す42を加算するだけの関数が記述された、`add_42.c`があるとします（コードA1.2）。

コードA1.2：42を加算するだけの関数（add_42.c）

```
int add_42(int num);

int add_42(int num){
    return num + 42;
}
```

このファイルを利用して、下記に示すコマンドでダイナミックライブラリを生成します（コードA1.3）。

コードA1.3：ダイナミックライブラリの生成（コマンド）

```
$ gcc -dynamiclib -undefined suppress -flat_namespace -o testlib.dylib add_42.c
```

生成されたダイナミックライブラリを`dart:ffi`から利用する場合、次のコードとなります（コードA1.4）。

2　https://dart.dev/server/c-interop-native-extensions
3　https://github.com/AwaseFlutter/dart_ffi_example

```
Flutter 1.9
```

コードA1.4：ダイナミックライブラリの利用

```
import 'dart:ffi' as ffi;

typedef add_42_func = ffi.Int32 Function(ffi.Int32 num);
typedef Add42 = int Function(int num);

main() {
  // dylibファイルのロード
  final dylib = ffi.DynamicLibrary.open('testlib.dylib');

  // 関数を探す
  final add42 = dylib.lookup<ffi.NativeFunction<add_42_func>>('add_42');
  final add42Func = add42.asFunction<Add42>();

  // 実行
  final result_1 = add42Func(0);
  final result_2 = add42Func(1);

  print(result_1); // 42
  print(result_2); // 43
}
```

上記の通り、手軽にCのコードを呼び出し可能です。Cコードによるパフォーマンスの向上や、既存ライブラリの活用などさまざまな用途が期待できます。実際、前述のML Completeではこの機能を利用して、TensorFlow LiteのC APIを呼び出して実行しています[4]。

Flutter Web

Flutter Webとは、HTMLやJavaScriptを用いてFlutterアプリケーションを動かすテクノロジーです。Dartで記述されたアプリケーションをJavaScriptに変換するため、既存のアプリケーションをそのままWebブラウザで表示できます。これにより、Progressive Web AppsやSingle Page Applicationを開発する一手段としてFlutterを利用できます。

もともとはFlutter本体とは別途開発されていましたが、Flutter 1.9で本体と統合されました。しかし、Flutter Webはまだ技術プレビュー版であり、さまざまな問題が発生する可能性があるため本番環境での使用はまだ推奨されていません。また、本項で紹介する具体的な内容も急速に古くなる可能性もあり、あくまでも現在のFlutter Webを把握するために利用してください。

---

4 https://github.com/dart-lang/tflite_native

Flutter Webのプロジェクトを動かす

Flutter Webは既存のFlutterアプリケーションをWebで動かすものであるため、既存アプリケーションをベースにしてWebに対応させることが可能です。本項では「Chapter 02 開発環境の構築」で紹介したサンプルアプリケーションを利用します。なお、執筆時点でFlutter Webが対応しているのは、Google ChromeなどChromiumベースのWebブラウザとSafariのみです。

まず、Flutterコマンドをmasterに変更し、configを利用してFlutter Webを有効にします。Flutter Webはまだ開発中の機能であるため、オプトインする必要があります（コードA2.1）。

コードA2.1：Flutter Webの有効化（コマンド）

```
$ flutter channel master
$ flutter upgrade
$ flutter config --enable-web
```

上記のコマンドを実行すると、ホームディレクトリにファイル名「.flutter_settings」でファイルが作成され、下記の設定が書き込まれます（コードA2.2）。

コードA2.2：Flutter Webの設定

```
{
  "enable-web": true
}
```

また、下記の通り、flutter devicesの出力ではブラウザが表示されるようになります（コードA2.3）。

コードA2.3：ブラウザで実行できるかの確認（コマンド）

```
$ flutter devices
2 connected devices:

Chrome • chrome • web-javascript • Google Chrome XX.X.XXXX.XXXw
Server • web    • web-javascript • Flutter Tools
```

これで準備は完了です。既存プロジェクトをFlutter Webに対応させます。

Flutterアプリケーションのルートフォルダ（pubspec.yamlがあるフォルダ）に移動し、次のコマンドを実行します。エラーが出力されることなく実行されれば対応は終了です（コードA2.4）。

Flutter 1.9

コードA2.4：既存プロジェクトのFlutter Web対応（コマンド）

```
$ flutter create .
```

Flutter Webを有効にした状態でAndroid Studioを起動すると、下図に示す通り、[Chrome (web)] などのWeb機能が選択肢に含まれるようになります（図A2.5）。

図A2.5：Flutter Webが起動時の選択肢に追加される

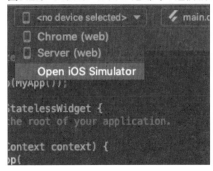

実際に [Chrome (web)] を実行すると、次図に示す通り、Google Chromeの新しいウィンドウが起動し、Web対応されたアプリケーションが表示されます（図A2.6）。Hot Reloadにも対応しているため、変更が即座に反映されます。

図A2.6：Flutter Webの起動

Flutter Webの構造

Flutter Webを実際に動作することを確認したところで、FlutterがDartアプリケーションをどうやってブラウザ上で動かしているかを見ていきましょう。なお、本項は執筆時の最新バージョンをベースにしていますが、今後急速に変化する可能性があります。

Dartには、コードをJavaScriptにコンパイルするdartdevcとdart2jsが存在します。dartdevcが開発環境用でインクリメンタルなビルドが可能になっており、dart2jsが本番環境用でさまざまな最適化が実施されるようになっています。Flutter Webではこれらを利用してアプリケーションをブラウザ上で動くJavaScriptに変換しています。かなり大掛かりな仕掛けですが、もともとDartがWebプログラミング用に開発された言語であること考えると、既存資産を有効に活用しているともいえます[5]。

ただし、あくまでも変換できるのはDartコードだけです。そのため、それ以外の部分、例えば、画面描画といったiOSやAndroidのプラットフォームを利用しているものは動作しません。Flutter WebではDartコード以外に対しても、Web用にレンダリングするライブラリを提供することで解決を狙っている模様です。Flutter Webのリポジトリ[6]を参照することで、コンパイル前のライブラリを確認できます。

実際のレンダリングは、CanvasやCSSの要素を利用して実行されているようです。例えば、次図はサンプルアプリ内のボタンのDOM要素ですが、丸いボタンをborder-radiusで、影をbox-shadowを利用して表現しています。この他にも、文字列はp要素で描画されるため、通常のDOM要素と同様にマウスで選択可能です。

図A2.7：Flutter Webの仕組み（ボタン要素の表現）

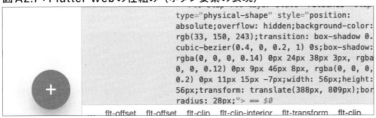

Flutter Webの現状と今後

前述の通り、Flutter Webは本体に統合されたとはいえ、まだ技術プレビュー版です。そのため、Flutterが提供する一部の機能や、Flutterのプラグイン機構もまだ提供されていません。

特にDOM構造は既存のWebの文脈とは大きくかけ離れており、Webページとして見た場合はかなり複雑な状態になります。そのため、現在の出力ではSEOやアクセシビリティ対応などの観点ではまだまだ成熟していないため、Flutter Webの進化や検索エンジンのクローラー対応などが待たれます。

---

[5] http://googlecode.blogspot.com/2011/10/dart-language-for-structured-web.html
[6] https://github.com/flutter/flutter_web

Flutter 1.9

さらに、Flutter Webは現時点ではかなりパフォーマンスが悪いのが公式見解です。もちろん、今後の発展が期待されており、レンダリング部分にCanvasKit[7]を利用する機能が開発中であり、これによるパフォーマンス向上も見込まれます。

Flutterは、2DレンダリングエンジンのSkiaを利用して描画しており、CanvasKitはそのSkiaのWebAssemblyビルドです。そのため、現在のFlutter Webに比べるとパフォーマンス向上が期待できます。実際にデバッグ用フラグを切り替えることでCanvasKitを利用可能[8]ですが、かなり実験的な機能であるため、さまざまなバグが存在する可能性があります。

実際にCanvasKitでレンダリングした図は下記の通りですが、1枚のcanvas要素にすべてが描画され、既存のWebの文脈と大きくかけ離れてしまいます。SEOやアクセシビリティ対応がかなり困難になるため、この方向性がどこまでサポートされるのかは不明です。

図A2.8：Canvasitでのレンダリング

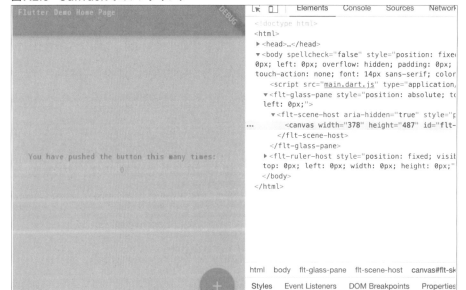

以上の通り、Flutter Webはまだまだ発展途上の機能で、今後の改善が待たれる状況です。

---

7 https://skia.org/user/modules/canvaskit
8 https://github.com/flutter/flutter_web/blob/master/docs/canvaskit.md

```
Dart言語
```

既に紹介した通り、Flutterは**Dart**と呼ばれる言語で記述されています。ここではDart言語の特徴的な仕様や機能を紹介しましょう。

```
変数と型
```

基本となる変数宣言を解説しましょう。Dartの変数宣言は文法的には伝統的な言語に類似していますが、現代的な言語の特徴ともいえる型推論機能も用意されています。また、**final**などの修飾子も説明しましょう。

変数の宣言

Dartでの変数宣言の基本的な書式は、次の通りです。

コードB1.1：変数の宣言（型指定あり）

```
int number = 0;
String string = 'text';
```

また、Dartには型推論機能が搭載されているので、下記コード例に示す通り、型を省略して記述することも可能です（コードB1.2）。

コードB1.2：変数の宣言（型指定なし）

```
var number = 0; // int
var string = 'text' // String
```

また、**dynamic**を使った変数の宣言も可能です。

コードB1.3：変数の宣言（dynamic型）

```
dynamic value = 10;
```

dynamicで変数を宣言することで、その変数は動的型である、つまり、どのような型の値でも入れられる変数となります。ただし、動的型の使用は型安全性を破壊することになるので、可能な限り回避しましょう。

Dart言語

finalとconst

Dartには型の修飾子として**final**と**const**があります。

finalは「定数」を意味しており、**final**と宣言された変数は再代入ができなくなります。また、**const**は「コンパイル時定数」を指します。「コンパイル時定数」とはコンパイルの段階で確定できる値で、リテラル（**1**や**'Hello'**など）やリテラル同士の計算で導かれる値、そして後述する「定数コンストラクタ」で作成されたインスタンスなどが該当します。

変数宣言時は可能な限り、**final**や**const**を指定すべきです。**const**を使用できる場面は限定されますが、使用できるシチュエーションであれば、できる限り**const**を指定しましょう。また、**const**を使用できないときは、可能な限り**final**を指定して変数を宣言すべきです。

変数への再代入を許容すると、変数の値がいつでも変更される可能性があり、変数の内容を推測することが難しくなります。そのため、**final**を指定せずに変数を宣言することは一般的に避けるべきとされています。ただし、記述する内容次第では、同じ変数を使い回す方が可読性が高くなるケースもあるので、原則に固執することなくケースバイケースの判断を心掛けましょう（判断に迷う場合は**final**を使用するのが無難です）。

メソッド

メソッドも伝統的な言語に類似する文法に、現代的な言語機能を追加した設計となっています。また、他の言語と比較すると、特殊な記法も存在するので、別途解説しましょう。

メソッドの基本文法

メソッドの基本的な文法は、C言語やJavaなどの伝統的な言語に準じるものです。

コードB2.1：メソッドの基本文法

```
void doSomething(int var1, String var2) {
  // ...
}
```

さらに、Dartでは下記コード例に示す通り、引数や戻り値の型を省略することが可能です。

コードB2.2：メソッドの文法（型を省略）

```
doSomething(int var1 var2) {
  return var1 + var2;
}
```

ただし、型を省略すると、その引数や戻り値はdynamic型となるため省略は避けるべきです。特に戻り値は、近代的な静的型付け言語では型推論がなされることが一般的ですが、Dartでは一律で**dynamic**になってしまうため注意が必要です。

また、メソッドの実行内容が値を返す（**return**）だけの場合、下記コード例の通り、短縮記法を使用できます（コードB2.3）。

コードB2.3：メソッドの文法（省略記法）

```
// 通常の書き方
int sum(int val1, int  val2) {
  return val1 + val2;
}

// 省略記法
int sum(int val1, int val2) => val1 + val2;
```

なお、DartはJavaなど他の静的型付け言語とは異なり、メソッドのオーバーロードはサポートされていません。この辺りは思考の転換が必要となるので気を付けましょう。

名前付き引数

Dartでは、下記の書式で名前付き引数を使用できます（コードB2.4）。

コードB2.4：名前付き引数

```
// 定義
void splitText(String text, { int from, int end })

// 実行
action('Sample Text', from: 0, end: -4)
```

名前付き引数は、複数の引数を受け取るときに「どのような順番で引数を渡すべきかが自明ではない」場合は積極的に使っていくべきです。名前付き引数を利用することで可読性が低いコードを避けられます。

また、名前付き引数は標準で省略が可能です（省略された場合は**null**になります）。Dartの標準機能ではありませんが、省略すると困る場合は、@**required**アノテーションを付与することでエラーにできます。コード例を次に示します（コードB2.5）。ちなみに、@**required**は**meta**と呼ばれるライブラリが提供する機能です。

Dart言語

コードB2.5：必須の名前付き引数

```
void Item({ @required String name, String description })
```

オプショナル引数

Dartにおけるオプショナル引数（必須ではない引数）を定義する方法は、他の言語とは少し異なっています。
Dartでは **[]** で囲むことによりオプショナル引数を表現します（コードB2.6）。

コードB2.6：オプショナル引数の定義

```
// 定義
String substring(String text, [int start, int end]) {
  // code...
}

// 実行
substring('Hello', 2) // `start`は`2`、`end`は`null`になります
```

オプショナル引数に値が指定されていない場合、その引数の値は**null**になります。ただし、下記コード例のように指定することで、省略時に**null**以外の値とすることも可能です（コードB2.7）。

コードB2.7：オプショナル引数の定義（デフォルト値あり）

```
// 定義
String substring(String text, [int start = 0, int end]) {
  // code...
}

// 実行
substring('Hello') // `start`は`0`、`end`は`null`になります
```

```
クラス
```

Dartのクラス定義を解説しましょう。Dart独特の部分がいくつかありますが、基本的には伝統的な言語に準じた仕様になっています。

クラスの基本文法

Dartでのクラスの文法は、基本的にはJavaやJavaScriptに準じたものです。
下記にそのコード例を示します（コードB3.1）。

コードB3.1：クラスの基本文法

```
// 抽象クラス
abstract class Base {
  void mainAction(Array<String> argv);
}

// 継承
class Item extends Base {
  var value = 12;

  @override
  void mainAction(Array<String> argv) {
    // codes...
  }
}
```

可視性

クラスの変数やプロパティ、メソッドなどはデフォルトではpublicになります。外部からアクセス不可にするには、下記のコード例に示す通り、識別子の名前を「_」(アンダースコア)で開始します（コードB3.2）。

コードB3.2：privateな識別子の定義

```
class _Example {
  int visibleValue = 0;
  int _invisibleValue = 1;

  void visibleAction() {}
  void _invisibleAction() {}

  String get _prop => 1;
  String set _prop(int value) {
```

Dart言語

```
    // ...
  }
}
```

プロパティ

近代的な言語には、ゲッターとセッターを定義するプロパティ機能が用意されているものがあります。
プロパティは、外部からはpublicなインスタンス変数を取り扱うかの如くアクセスすることが可能です。Dartの
プロパティ定義を下記のコード例に示します(コードB3.3)。

コードB3.3：プロパティの定義

```
// 定義
class DataContainer{
  String _name;

  String get name => _name;

  set name(String value) {
    _name = value;
  }
}

var container = DataContainer();
// セッターを使う
container.name = 'main_container'
// ゲッターを使う。
container.name // => 'main_container'
```

メソッド

他の言語と同様に、Dartもクラスにインスタンスメソッドを定義できます。
インスタンスメソッドは基本的にはクラス外のメソッドと変わりませんが、**this**キーワードで自身のインスタ
ンスにできます。また、自身のプロパティやメソッドを呼び出す際の**this.**は、ローカル変数で隠されていな
い限り省略可能です。メソッド定義のコード例を下記に示します(コードB3.4)

コードB3.4：メソッドの定義

```
class SampleService {
  void execute(String code) {
    if (!_isTarget()) { // `this._isTarget()` と同じ
      return;
    }
```

```
      // 自分自身のインスタンスにアクセス
      SampleExecutor(this).execute();
  }

  bool _isTarget(String code) {
    // codes...
  }
}
```

また、**super**キーワードで親クラスのメソッドを呼び出すことが可能です（コードB3.5）。

▌コードB3.5：**super**の使用方法

```
class SampleService {
  @override
  void execute(String code) {
    super.execute(code);

    // Some codes...
  }
}
```

静的メンバー

staticキーワードで、静的なメンバー（変数・メソッド・プロパティ）を定義できます。下記に静的メンバーの定義例を示します（コードB3.6）。

▌コードB3.6：静的メンバーの定義

```
class Sample {
  static _value = 12;

  static int get topic => value;

  static set topic(int value) {
    _value = value;
  }

  static Sample merge(Sample other) {
    // Some codes...
  }
}
```

Dart言語

コンストラクタ

Dartのコンストラクタは、一般的なメソッドと同じ部分もありますが、利便性のために多くの特殊な文法が用意されています。

生成的コンストラクタ

Dartの生成的コンストラクタとは、いわゆる一般的なコンストラクタのことを指します。生成的コンストラクタはクラスと同一の名前になります。

コードB4.1：生成的コンストラクタ

```dart
class Color {
  int red;
  int green;
  int blue;

  Color({ int red, int green, int blue }) {
    this.red = red;
    this.green = green;
    this.blue = blue;
  }
}
```

自動フィールド初期化

オブジェクトの初期化において、単純に引数として受け取った値を同名のフィールドに代入することは一般的な処理パターンです。Dartでは、この処理を簡潔に記述するための記法が用意されています。下記にコード例を示します（コードB4.2）。

コードB4.2：自動フィールド初期化

```dart
class Transfer {
  final String src;
  final String dest;

  // 通常の引数の場合
  Transfer(this.src, this.dest);
}

class Article {
  final String title;
  final String body;
```

```
  // 名前付き引数の場合
  Article({ @required this.title, this.body });
}
```

フィールドに**final**が指定されている場合、Dartではコンストラクタのボディに達する前に初期化されていなければならない、特別なルールがあります。そのため、**final**なフィールドを引数で初期化したい場合は、この構文を用いることになります(後述の初期化リストを使用する方法もあります)。

名前付きコンストラクタ

Dartではメソッドのオーバーロードができませんが、コンストラクタに対しても同様です。ただし、コンストラクタでは、「名前付きコンストラクタ」を使用することで、別の引数を受け取るコンストラクタを作成することが可能です。下記に名前付きコンストラクタのコード例を示します(コードB4.3)。

コードB4.3:名前付きコンストラクタ

```
class Color {
  int red;
  int green;
  int blue;

  Color.fromString(String colorText) {
    this.red = int.parse(colorText.substring(0, 2), radix: 16);
    this.green = int.parse(colorText.substring(2, 4), radix: 16);
    this.blue = int.parse(colorText.substring(4, 6), radix: 16);
  }
}
```

コンストラクタのリダイレクト

Dartでは、コンストラクタ内部から通常の文法で他のコンストラクタを呼び出すことはできません。コンストラクタ内部から呼び出すには、下記コード例に示す通り、コンストラクタのリダイレクトを利用する必要があります(コードB4.4)。

コードB4.4:コンストラクタのリダイレクト

```
class Child extends Base {
  Child(String value): super.fromString(value); // 親クラスの名前付きコンストラクタを呼び出す。

  Child.ex(): super('test') { // 親クラスの通常のコンストラクタを呼び出す。
    // Codes...
  }
```

```
  Child.delegate(): this.fromString('') // 自クラスの別のコンストラクタを呼び出す。
}
```

コンストラクタのリダイレクトを利用した場合、リダイレクト先のコンストラクタが先に処理され、その後にコンストラクタ自身の内容が実行されます。

初期化リスト

前述の「自動フィールド初期化」では、「フィールドに**final**が指定されている場合、コンストラクタのボディに達する前に初期化されていなければならない」と解説しました。しかし、「フィールドには**final**を指定したいが、単に引数をそのまま代入すれば良いわけではない（何らかの処理を実行してフィールドに代入したい）」ケースがあります。この場合は、下記コード例に示す、初期化リストが使用できます（コードB4.5）。

コードB4.5：初期化リスト

```
class Line {
  final int length;
  final Color color;

  Line({ @required this.length, @required String colorText }): this.color = Color.
fromString(colorText);
}
```

初期化リストには、下記のコード例に示す通り、値の初期化以外に**assert**処理も記述できます（コードB4.6）。

コードB4.6：初期化リスト（assert処理）

```
class Article {
  final String title;
  final String body;

  Article({ @required this.title, @required this.body }):
    assert(title != null),
    assert(body != null);
}
```

また、コンストラクタのリダイレクトも可能です。ただし、親クラスのコンストラクタを呼び出す場合、その処理を最後に書く必要があります（自クラスのコンストラクタへのリダイレクトにこの制限はありません）。

コードB4.7：初期化リスト（superの呼び出し順に注意）

```
class Item extends Base {
  final String name;

  Item({ @required this.name }):
    assert(name != null),
    super();      // この処理をassertよりも前に記述するとエラーになります。
}
```

ファクトリコンストラクタ

`factory`キーワードを指定してコンストラクタを定義すると、「ファクトリコンストラクタ」と呼ばれるものを
定義できます。
ファクトリコンストラクタではインスタンスが作成されないため、ボディ内でインスタンスを作成して返す必要
があります。ファクトリコンストラクタの典型的な使用例にはシングルトンなどがあります。

コードB4.8：ファクトリコンストラクタ

```
class GlobalContext {
  static GlobalContext _instance;

  // 通常のメソッドと同様、`_`から始まるコンストラクタもprivateになります。
  GlobalContext._() {
    // codes...
  }

  // 生成的コンストラクタをファクトリコンストラクタで定義する。
  factory GlobalContext() {
    if (_instance == null) {
      _instance = GlobalContext._();
    }
    return _instance;
  }

  // 名前付きコンストラクタをファクトリコンストラクタで定義する。
  factory GlobalContext.getWithRefresh() {
    _instance = null;
    return GlobalContext();
  }
}
```

APPENDIX

293

Dart言語

定数コンストラクタ

`const`キーワードを指定してコンストラクタを定義すると、定数コンストラクタを定義できます。コンストラクタを定数コンストラクタとして定義するには、以下の条件を満たす必要があります。

- フィールドすべてが、`final`もしくは`const`として定義されていること
- コンストラクタがボディを持たないこと

コードB4.9：定数コンストラクタ

```dart
class Item {
  final String name;

  const Item(this.name);
}
```

定数コンストラクタを使用し、かつ引数もすべてコンパイル時定数を使って初期化している場合、そのインスタンスはコンパイル時定数として扱うことが可能です。

パッケージのインポート

プログラミングにおいて、自らすべての機能をゼロから実装することは現実的ではありません。実際の開発現場では、多くの外部ライブラリを使用することになります。ここでは、外部ライブラリ（パッケージ）の利用方法を説明します。

import

Dartでは、外部ライブラリは「パッケージ」と呼ばれます。パッケージは下記のコード例に示す通り、`import`文を利用して読み込みます（コードB5.1）。

コードB5.1：import文

```dart
// `dart:` で始まるものは標準ライブラリです。
import 'dart:io';

// `ext_pack`というパッケージの中の `http/request`というファイルの内容をインポートします。
import 'package:ext_pack/http/request';
```

as

import文を使用すると、指定された外部パッケージで定義された識別子がそのまま使用可能になります。しかしながら、多数の識別子が含まれるパッケージを使用するときなどは、名前の衝突を避けるためすべての識別子が展開されることを避けたい場合があります。

そのときは、importでのパッケージ指定時に**as**を付与します。下記に示すコード例では、**dart:math**で定義されている識別子を**math.xxxx**の形式で使用できます（コードB5.2）。

コードB5.2：asを使用したimport文

```
import 'dart:math' as math;
```

show／hide

showと**hide**を使用することで、一部の識別子のみを取り込み可能です。

コードB5.3：show / hideを使用したimport文

```
// 特定の識別子だけをimport
import 'package:ext_pack/http' show request, response;

// 特定の識別子をimportしない
import 'package:ext_pack/http' hide params, query;
```

特徴的な演算子

Dartで用意されている多くの演算子は他のプログラミング言語のものと同様ですが、いくつか特殊なものもあります。ここでは頻繁に使われるものに絞って紹介します。

条件付きメンバアクセス（?.）

左辺はnull以外の場合は通常のメンバアクセスになりますが、**null**の場合は何もせず**null**を返す演算子です。

コードB6.1：条件付きメンバアクセス

```
item.first?.id // item.firstは`null`の場合がある。
```

Dart言語

カスケード演算子（..）

メソッドの戻り値として自分自身（`this`）を返し、連鎖的に処理を進められる「メソッドチェーン」と呼ばれるプログラミングスタイルがあります。このプログラミングスタイルでは、オブジェクト側でメソッドチェーンを考慮して、メソッドの戻り値として`this`を返す構造にしておく必要があります。

しかし、Dartでは、カスケード演算子を用いることで、通常のメソッドや変数への代入処理などをメソッドチェーンを利用するのと同様に、簡潔に表現できます。下記コード例に、一般的な記述方法とカスケード演算子を使った記述例を示します（コードB6.2〜B6.3）。

コードB6.2：インスタンスの作成と初期化（一般的な記述方法）

```
final item = Item();
item.name = 'SampleItem';
item.description = 'Good item!';
item.markAsActive();
```

コードB6.3：インスタンスの作成と初期化（カスケード演算子を使った記述方法）

```
final item = Item()
  ..name = 'SampleItem'
  ..description = 'Good item!'
  ..markAsActive();
```

非同期処理

非同期処理は取り扱いが困難な機能であるため、現代的なプログラミング言語には、非同期処理をサポートするライブラリを標準で搭載するものや、文法レベルで非同期処理をサポートするものもあります。Dartも例に漏れず、非同期処理を文法レベルでサポートする機能を搭載しています。

非同期処理とは

非同期処理とは、時間を要する処理がある場合に、その処理の完了を待たずに他の処理を進める処理を指します。具体的な実装コードとして、処理中の動作を管理するオブジェクトを作成し、それに処理完了時に実行すべき処理を登録するのが一般的なアプローチです。処理が完了すると、登録済みの完了時に実行すべき処理が自動的に実行されます。この「処理中の動作を管理するオブジェクト」として、Dartでは**Future**と呼ばれるものが用意されています。

Future

Futureは、Dartの標準ライブラリとして提供されている非同期処理を取り扱うためのクラスです。他のプログラミング言語では、**Promise**や**Task**などの名前で用意されている場合があります。

Futureを使用すると、下記のコード例に示す通り、非同期処理を記述できます。

コードB7.1：Futureを使用した非同期処理

```
final future = Future(() {
  return {時間がかかる処理};
});

// 処理が正常に終わった時の処理を登録
future.then((response) {
  print(response.body);
});

// 処理が異常終了した時の処理を登録
future.catchError((error) {
  print(error);
})
```

async / await

Futureを使用すると非同期処理を実行できますが、処理が複雑になるとコードが難読化する問題があります。例えば、あるAPIからデータを取得し、データを加工して別のAPIに渡してデータを登録するケースを考えてみましょう。

まずは、Futureを使用する非同期処理のコード例を下記に示します（コードB7.2）。HTTPリクエストを二度実行するだけにもかかわらず、コードにネストが発生しています。当然のことながら、実行する処理が増えると、コードの可読性はさらに低下します。

コードB7.2：Futureによる非同期処理

```
// 指定されたIDの記事をservice-aからservice-bにコピーしservice-bで発行されたIDを返す。
Future<int> copyArticle(int id) {
  return http.get('https://service-a.com/articles/$id').then((responseA) {
    final source = json.decode(responseA.body);

    http.post('https://service-b.com/drafts', body: { content: source['body'] }).
then((responseB) => {
      final copiedData = json.decode(responseB.body);
      return copiedData['id'];
    });
  });
}
```

Dart言語

asyncと**await**キーワードを使用することで、コード難読化の問題を解決できます。

まず、ある関数内で非同期処理を実行したい場合、そのメソッドに**async**を指定します。

コードB7.3：asyncを指定した関数定義

```
Future<int> copyArticle(int id) async {
  // codes...
}
```

続いて、処理を待ち合わせたいときに**await**キーワードを指定します。**await**は**async**が指定されたメソッド内でのみ使用できます。

コードB7.4：awaitによる処理の待ち合わせ

```
Future<int> copyArticle(int id) async {
  final responseA = await http.get('https://service-a.com/articles/$id');
}
```

awaitの右側に**Future**のインスタンスが渡されると、そこで処理完了まで待ち合わせが実行されます（待ち合わせはバックグラウンド）。その後、**Future**が解決すると**Future**値が取り出され、その値が返されます。

前述のFutureを利用した非同期処理（コードB7.2）を上述の**async**と**await**で記述すると、下記のコード例となります（コードB7.5）。

コードB7.5：async／awaitによる非同期処理

```
Future<int> copyArticle(int id) async {
  final responseA = await http.get('https://service-a.com/articles/$id');
  final source = json.decode(responseA.body);

  final responseB = await http.post('https://service-b.com/drafts', body: { content:
source['body'] });
  final copiedData = json.decode(responseB.body);

  return copiedData['id'];
}
```

上記コード例に示す通り、ネストがまったくないコードとなります。

一般的に、**async／await**を用いると非同期処理をまるで同期処理であるかのように記述できます（複数の処理を並列に実行したいケースでは、多少非同期であることを意識する必要があります）。また、例外の処理も単に**catch**すればよいので簡単になります。

298

> **Generator**

オブジェクトのデータをループして処理することは、プログラミングの現場では頻出するパターンです。多くのプログラミング言語では、**Iterator**と呼ばれるオブジェクトを定義することで、ループでの挙動を柔軟に定義できるように設計されています。また、一部の言語では、**Iterator**を定義する特殊な文法が用意されていますが、Dartではさらに非同期処理と組み合わせて取り扱う機能も備えています。現場でのプログラミングでも有用な機能であるので、その基本を解説しましょう。

Iterator

Dartでは、**for in**文を用いて配列をループできます。しかし、実は**for in**文でループできるのは配列だけではありません。**iterator**ゲッターに対して**Iterator**のインスタンスを返すオブジェクトであれば、すべて**for in**文で回すことが可能です。**Iterator**は、**bool moveNext()**と**T get current**の2つのメソッド・ゲッターを持つオブジェクトです。こうしたオブジェクトを定義し、これを返す**iterator**ゲッターを準備すれば、そのオブジェクトを**for in**文で回すことが可能になります。

> **コードB8.1：Iteratorの定義例**

```dart
class _SampleIterator extends Iterable<String> {
  @override
  bool moveNext() {
    // codes...
  }

  @override
  String get current {
    // codes...
  }
}

class Sample {
  get Iterator<String> iterator => _SampleIterator(...);
}
```

Iterable（同期ジェネレータ）

Iteratorを定義することで**for in**文の動作を柔軟にコントロールできます。しかし、実際にはそこまで柔軟な制御を必要としないケースが多々あります。

そこで、完全な柔軟性と引き換えに、多くのパターンで簡潔に**Iterator**を定義できる、ジェネレータと呼ばれる構文が用意されています。同期ジェネレータの定義と実行を次のコード例で示します（コードB8.2）。

Dart言語

コードB8.2：同期ジェネレータの定義と実行

```
// 定義
Iterable<String> items() sync* {
  yield 'apple';
  yield 'orange';
}

// 実行
for (final item in items()) {
  print(item);
}

=> apple
   orange
```

itemsを呼び出すと、**Iterable**オブジェクトが返ってきます。これは、**iterator**ゲッターを持ち、**for in**文でループできるオブジェクトです。ここでの新出のキーワードが**sync***と**yield**です。

まず、ジェネレータメソッドを定義するときは、**sync***キーワードを指定します。指定することでメソッド内では**yield**キーワードが使用可能になります。そして、ジェネレータメソッドから返されるイテレータを進めて**moveNext**を呼び出すと、自動的に**yield**のところまで処理が進み、イテレータの**current**で**yield**に指定した値が返されます。すべての**yield**が終わると、**moveNext**は**false**を返します。

また、**yield***キーワードで他の**Iterable**に処理を委譲することも可能です。

コードB8.3：Iteratorの委譲

```
Iterable<String> items1() {
  yield 'apple';
  yield 'orange';
}

Iterable<String> items2() {
  yield 'body';
  yield* items1();
}

// 実行
for (final item in items2()) {
  print(item);
}

=> body
   apple
   orange
```

Stream（非同期ジェネレータ）

Dartでは、ジェネレータでも非同期処理を実行できます。その場合、通常のジェネレータ（同期ジェネレータ）の場合とは異なり、**async***を指定します。

コードB8.4：非同期ジェネレータの定義と実行

```
// 定義
Stream<String> items() async* { // 非同期ジェネレータは`Stream`というオブジェクトを返します
  yield 'pre';
  yield await asyncAction();
  yield 'end';
}


// 実行
await for (final item in items()) {
  print(item);
}

=> pre
   actionResult
   end
```

| 既存プロジェクトへのFlutterの追加 |

Flutterをプロジェクトに導入する際、アプリケーションをゼロから作成するケースばかりではありません。iOSまたはAndroidのソースコードが既に存在するため、Flutterの導入を断念しそうになるかもしれません。しかし、最新のFlutterでは既存プラットフォームで動作するコンポーネントも提供できます（2019年10月執筆時ではプレビュー版の機能です）。

flutterコマンドで作成されたFlutterプロジェクトは、シンプルなネイティブのホストコードを提供します。具体的には、Androidは単一のActivity、iOSでは単一のViewControllerです。Flutterでアプリケーションを作成する際には、ここから実装を追加することが可能です。しかし、既にネイティブコードが存在する場合であっても、Flutterのソースコードをライブラリ形式で含めることが可能です（flutterコマンドにはライブラリ作成のコマンドが提供されています）。

例えば、flutter create -t module your-lib-projectを実行すると、AndroidライブラリとCocoaPodsを含むプロジェクトが生成され、既存アプリからの利用が可能になります。本項では、下記コマンド例に示す通り、サンプルプロジェクトとしてawase_flutterの名でプロジェクトを作成します（コードC1.1）。

コードC1.1：awase flutter モジュールの作成

```
$ flutter create -t module --org com.awaseflutter awase_flutter
```

上記コマンドを実行すると、下記に示す構造のプロジェクトが生成されます。AndroidとiOSの隠しディレクトリが作成されていますが、これは各プラットフォームでの参照に必要となります。

コードC1.2：awase flutter モジュールの全体像

```
awase_flutter
├── .android
├── .ios
├── lib
└── pubspec.yaml
```

ここから各プラットフォームの説明を行います。具体的な実装方法は、「Add Flutter to existing apps[1]」を参考してください。

Android

まずはAndroidの設定です。残念ながら執筆時では、モジュールを作成するflutterコマンドはAndroidX対応ではありません。Android Studioで既存アプリを作成する場合、Android SDKのバージョンがAndroid Q以上（29）

---

1 https://github.com/flutter/flutter/wiki/Add-Flutter-to-existing-apps

だと、AndroidXが標準設定として強制的に選択されます。そのため、AndroidXを無効にするために [Tools] →
[SDK Manager] → [Appearance & Behavior] → [System Settings] → [Android SDK] で29を削除します。
続いて、Flutterコンポーネントを既存アプリから利用するため、既存アプリでFlutterコンポーネントの依存性
を追加して参照可能な状態にします。依存性の追加方法は2つあります。AAR（Android Archive）とモジュー
ルソースコードを利用する方法です。

以上で、既存のAndroidアプリからFlutterモジュールが参照可能になります。隠しディレクトリの.androidディ
レクトリへの依存性を既存アプリに追加することで、Flutterへのバインディングが完了します。

なお、Flutterでは、既存アプリに組み込めるコンポーネントをExperimentalで公開しています。すべてのコン
ポーネントはExperimentalであるため、将来的に大きく変更される可能性があります。

詳しくは、Experimental：Add Flutter Activity[2] を確認してください。

iOS

iOSの手順もAndroidと同じです。Flutterコンポーネントのビルドで、ルートプロジェクトに.iosディレクトリ
が生成されます。既存アプリからここを参照可能にしましょう。そのためにはCocoaPodsの利用が必要です。
Podfileを編集して、作成したFlutterコンポーネントを参照可能にします（Flutter 1.8.4-pre.21以上）。

また、Flutterのチャンネルはmasterチャンネルに設定してください。設定後、CocoaPodsコマンドの実行
で、参照可能になります。隠しディレクトリの.iosディレクトリへの依存性を既存アプリ側に追加することで、
Flutterへのバインディングが完了します。iOSはObjective-CとSwiftの両方で実装することが可能です。

Hot Reload

既存アプリにFlutterを追加してもHot Reloadの利用は可能です。flutter attachコマンドを実行します。

下記のログに示す通り、既存アプリのFlutterコンポーネントを利用している部分は、Hot Reloadが利用可能に
なります（コードC3.1）。

┃ コードC3.1：Hot Reloadの実行可能状態

```
🔥 To hot reload changes while running, press "r". To hot restart (and rebuild state),
press "R".
An Observatory debugger and profiler on Your-Device is available at:
http://127.0.0.1:54741/
For a more detailed help message, press "h". To quit, press "q".
```

---

2 https://github.com/flutter/flutter/wiki/Experimental:-Add-Flutter-Activity

索引

記号

?.	295
..	296
--dry-run	194
@required	285
--template=package	174
--template=plugin	178

A

abstract class	210
Action	156, 157, 158, 159
Activity	80
addStatusListener	113
ahead-of-time	9
ancestorInheritedElementForWidgetOfExactType	140
ancestorWidgetOfExactType	128, 138
Android SDK	22, 30
Android Studio	18, 168, 276
Androidエミュレータ	22
AnimatedWidget	110
Animation	106
AnimationBuilder	112
AnimationController	106
AOSP	7
AOT	9
APIドキュメント	191
App Bundle	267
Apple Human Interface Guidelines	5
applicationId	266
as	295
assert	292
Asset bundle	100
AssetBundle	101
AssetImage	102
AssetManager	104
Asset variant	100
async	163, 297, 298
async*	163, 164, 301
AVD Manager	21, 22, 30
await	89, 163, 297, 298

B

Backend	165
Bitrise	271
BLoC	162, 164, 165, 166, 202, 207, 208, 215, 216, 223
BlocBuilder	212, 214, 221
BlocProvider	215
BSD License	192
BuildContext	102, 128, 138, 215
Bundle ID	261
Bundle Identifier	38
Business Logic Component	165, 166

C

CanvasKit	282
Capacity	240
Card	77
catch	298
CFBundleURLTypes	188
CHANGELOG.md	194
CI	259
CI/CDサービス	268
Cloud Firestore	210, 211
CodeMagic	268
completed	108
const	284, 294
const修飾子	137
Container	73
Continuous Delivery	268
Continuous Integration	268
Controller	147, 148
CPU	236
crossAxisAlignment	60
Cupertino	72
Cupertino Widget	5
curve	107
CurvedAnimation	107

D

Dart	4, 276, 278, 281, 283,285, 285, 290, 295, 299

dart2js 281	FlutterChannels 185
dartdevc 281	flutter create 174
dartdoc 191	flutter devices 22, 24, 34
dartdocs.org 190	flutter doctor 17, 35
dart:ffi 276, 277	Flutter Driver 254
Dart Packages 170, 194	flutter drive --target=test_driver/app.dart ... 257
DartVM 9	flutter emulators 21, 22, 24, 30
Dartパッケージ 173, 174, 178, 190, 194	Flutter Engine 240
Dartプラグイン 20	Flutter inspector 234
DataBinding 150	FlutterPlugin 185
Debug 242	FlutterResult 186
Debugger 241	flutter run --profile 243
debugPrint 134	flutter run --release 243
debugモード 239	Flutter SDK 27
DefaultAssetBundle 102	Flutter Web 276, 278, 279, 280, 281
dev_dependencies 244	Flutterプラグイン 18, 19, 20
DevOps 259	Flutterプロジェクト 26, 29, 34
DevTools 230	Flux 155, 156, 157, 158
dismissed 108	Foreign Function Interface 277
Dispatcher 156, 157, 158	forward 108
dynamic 283, 285	Future 89, 162, 163, 296, 297, 298

E

ease-out 107	**G**
equatable 206	GC 240
evaluate 114	Generator 299
Expandedウィジェット 63	GlobalKey 124
External 240	Google Chrome 200, 279
EXTRA_GEN_SNAPSHOT_OPTIONS 261	Google Fuchsia 151
	googlesignin 226
	GPU 236
F	Gradle Sync 181
Facebook 13	GridView 75
factory 293	
FFI 277	**H**
final 283, 284, 291, 292, 294	Hero 115
Firebase 187, 202, 207, 210, 216, 220, 223	Heroウィジェット 90
Firebase Auth 188	hide 295
Firebase Authentication 216, 220, 221,	homebrew 35
.... 223, 226	Hot Reload ... 4, 14, 39, 40, 41, 79, 242, 280
flexプロパティ 64	HotUI 79
Flutter 2, 14	
flutter_bloc 208	**I**
flutter build appbundle 267	import 294, 295

305

InheritedWidget · · · · · · · · · · · · · · 116	minSdkVersion · · · · · · · · · · · · · · 266
inheritFromWidgetOfExactType · · · · · · · 139	MIT License · · · · · · · · · · · · · · · 192
Integrationテスト · · · · · · · · · · · · · 253	ML Complete · · · · · · · · · · · · 276, 278
iOS-style · · · · · · · · · · · · · · · · · 72	Model · · · · · · 147, 148, 150, 152, 153, 156
iOSシミュレーター · · · · · · · · · · · · · · 24	Model View Controller · · · · · · · · · · · 147
Iterable · · · · · · · · · · · · · · · 299, 300	Model-View-Presenter · · · · · · · · · · · 148
iterableゲッター · · · · · · · · · · · · · · 299	Model-View-ViewModel · · · · · · · 148, 150
Iterator · · · · · · · · · · · · · · · · · · 299	MVC · · · · · · · · · · · · · 147, 148, 150
iteratorゲッター · · · · · · · · · · · · · · 300	MVP · · · · · · · · · · · · · · · · · · · 148
	MVVM · · · · · · · · · · · · · · · 148, 150

J

Java · 3
JavaScript · · · · · · · · · · · · 155, 278, 281
Jetpack Compose · · · · · · · · · · · · · · 7
JIT · 9
just-in-time · · · · · · · · · · · · · · · · · 9

N

Navigator · · · · · · · · · · · · · · · · · · 80
Navigator.pop · · · · · · · · · · · · · · · · 82
Navigator.push · · · · · · · · · · · · · · · 81
Navigator.pushNamed · · · · · · · · · · · · 84
NoSQL · · · · · · · · · · · · · · · · · · · 210
NSBundle · · · · · · · · · · · · · · · · · · 104

K

keytool · · · · · · · · · · · · · · · · · · · 264

L

Learn once, Write anywhere · · · · · · · · · 13
Listner · · · · · · · · · · · · · · · · · · · 108
ListTile · · · · · · · · · · · · · · · · · 77, 78
ListView · · · · · · · · · · · · · · · · · · · 75
Live Reload · · · · · · · · · · · · · · · · · 14
Logging · · · · · · · · · · · · · · · · · · · 241

O

Objective-C · · · · · · · · · · · · · · · · · 3
onMethodCall · · · · · · · · · · · · · · · 184

P

Paint Baselines · · · · · · · · · · · · · · · 237
Performance · · · · · · · · · · · · · · · · 240
Performance Overlay · · · · · · · · · · · · 236
Platform Channel · · · · · · · · 175, 177, 184
Pluginパッケージ · · · · · · · · 173, 177, 183,
· · · · · · · · · · · · · · · · · 186, 190, 194
Presentation Component · · · · · 165, 166, 168
Profile · · · · · · · · · · · · · · · · · · · 243
profileモード · · · · · · · · · · · · · · · · 239
Progressive Web Apps · · · · · · · · · · · 278
proguard-rules.pro · · · · · · · · · · · · · 265
Promise · · · · · · · · · · · · · · · · · · · 297
pub · 175
public · · · · · · · · · · · · · · · · · 287, 288
pubspec.yaml · · · · · · · · · · · 170, 175, 194

M

mainAxisAlignment · · · · · · · · · · · · · · 60
mainAxisSize · · · · · · · · · · · · · · · · · 65
MainAxisSize.min · · · · · · · · · · · · · · · 65
Materail library · · · · · · · · · · · · · · · 72
MaterialAppウィジェット · · · · · · · · · · · · 55
Material Design · · · · · · · · · · · 5, 201, 202
MaterialPageRoute · · · · · · · · · · · · · · 81
Materialウィジェット · · · · · · · · · · · · · 105
MBaaS · · · · · · · · · · · · · · · · · · · 188
Memory · · · · · · · · · · · · · · · · · · · 239
MethodCallHandler · · · · · · · · · · · · · 184
Method Channel · · · · · · · · · · · · · · · 184
MethodChannel · · · · · · · · · · · · · · · 176

R

React Native · · · · · · · · · · · · · · · · · 13

README.md	194
Reducer	158, 160
Redux	155, 157, 158, 159, 161, 162
Release	243
Repaint Rainbow	238
Repository	218, 224
resident set size	240
reverse	108
RSS	240

S

Safari	279
Scoped Model	151, 152, 154, 156
SDK Manager	22
setState	52, 108, 119, 131
Share Action	173
Share Extension	173
show	295
Single Page Application	278
SingleTickerProviderStateMixin	106
Sink	162, 164
SizedBox	77
Skia	9, 282
Slow Animation	236
spaceEvenly	61
Stack	76
StandardMessageCodec	177
State	46, 124, 132, 149, 150, 156, 157, 159, 160
StatefulWidget	48, 92, 109, 124, 131, 135, 253
StatelessWidget	46, 153, 160, 214, 215, 222
static	289
StatusListener	108
Store	157, 158
Storyboard	4
Stream	162, 163, 164, 301
StreamController	164
super	289
SwiftHelloPlugin	185
SwiftUI	6

sync*	300

T

targetSdkVersion	266
Task	297
then	163
this	288, 296
Timeline	238
Tween	107, 115
Tween.animate	108

U

Unity	13
Unitテスト	244
updateShouldNotify	142
USBデバッグ	33, 34
Used	240

V

versionCode	266
versionName	266
View	147, 148, 149, 150, 152, 153, 157
ViewController	80
ViewModel	150
Virtual Device	21, 22, 30, 31
vsync	106

W

WebAssembly	282
Widget	214, 215, 256
widget library	72
WORA	3
Write once, run anywhere	3

X

Xamarin	12
Xcode	23, 36
XML	4

Y

yield	163, 164, 300

307

索引

あ

アーキテクチャパターン	155
アサーション	242
アセット	59, 99
アラインメント	60

い

インスタンス変数	288
インスタンスメソッド	288
インストルメント化	254
インポート	171, 294

う

ウィジェット	44, 54, 72, 116, 153, 165, 235, 236, 237, 238, 249, 250, 252, 253, 255, 256
ウィジェットテスト	249, 250, 253

え

エミュレータ	242
エクスポート	171
演算子	295

お

オーバーロード	285, 291
オプショナル引数	286

か

カード型ユーザーインタフェース	203
ガーベージコレクション	240
開発者向けオプション	33
外部パッケージ	295
外部ライブラリ	294
可視性	287
カスケード演算子	296
仮想マシン	4
型安全	283
型推論	283, 285
画面設計	201
画面遷移	202

き

キーストア	263
技術選定	202

く

クラス	287
クロスプラットフォーム	2, 10, 21, 260

け

継続的インテグレーション	259, 268
継続的デリバリー	268

こ

コールスタック	241
コンストラクタ	205, 290, 291, 294
コンパイラ	260
コンパイル	242
コンパイル時定数	137, 284, 294
コンポーネントテスト	249

さ

最小化	265

し

シェアアクション	173
シェアエクステンション	173
ジェネレータ	299
識別子	295
自動テスト	230
自動フィールド初期化	290, 292
シミュレーター	243, 244, 253, 259
状態管理	146, 208, 219
初期化リスト	292
シリアライズ	177
シングルトン	293

す

スタック	240

せ

生成的コンストラクタ	290
静的メンバー	289
絶対パス	172

そ

相対パス ・・・・・・・・・・・・・・・・・・・・・・・・・・・・・・・ 172
ソフトウェアアーキテクチャ ・・・・・・・・ 147, 148
ソフトウェアアーキテクチャパターン ・・・・・・ 150,
・・・・・・・・・・・・・・・・・・・・・・・・・・・・・・・・・・・・・ 154, 161

た

ダイナミックライブラリ ・・・・・・・・・・・・・・・・・ 277
短縮記法 ・・・・・・・・・・・・・・・・・・・・・・・・・・・・・・ 285

て

定数コンストラクタ ・・・・・・・・・・・・・・・・・・・・ 294
デコード ・・・・・・・・・・・・・・・・・・・・・・・・・・・・・・ 240
デシリアライズ ・・・・・・・・・・・・・・・・・・・・・・・・ 177
テストスイートファイル ・・・・・・・・・・・・・・・・ 254
デバッグ ・・・・・・・・・・・・・・・・・・・・・・・・・・・・・・ 230

と

同期ジェネレータ ・・・・・・・・・・・・・・・・ 299, 301
ドキュメンテーションコメント ・・・・・・・・・・・ 191
匿名ログイン ・・・・・・・・・・・・・・・・・・・・・・・・・・ 224
ドメインオブジェクト 203, 204, 205, 210, 223
ドメインレイヤ ・・・・・・ 203, 207, 209, 212, 223

な

ナビゲーション ・・・・・・・・・・・・・・・・・・・・・・・・・ 80
名前付きコンストラクタ ・・・・・・・・・・・・・・・・ 291
名前付き引数 ・・・・・・・・・・・・・・・・・・・・・・・・・・ 285
難読化 ・・・・・・・・・・・・・・・・・・・・・・・・・・・ 260, 265

は

バックエンド ・・・・・・・・・・・・ 205, 207, 210, 211,
・・・・・・・・・・・・・・・・・・・・・・・・・ 212, 218, 220, 226
パッケージ ・・・・・・・・・・・ 170, 174, 294, 295
パッケージの依存性 ・・・・・・・・・・・・・・・・・・・・ 194
パッケージ名 ・・・・・・・・・・・・・・・・・・・・・・・・・・・ 27
パフォーマンス ・・・・・・・・・・・・・・・・・・・・・・・・・・ 8

ひ

ヒープメモリ ・・・・・・・・・・・・・・・・・・・・・・・・・・ 240
非同期ジェネレータ ・・・・・・・・・・・・・・・・・・・・ 301
非同期処理 ・・・・・・・・・・・・・・・・・・ 296, 297, 298

ふ

ファクトリコンストラクタ ・・・・・・・・・・・・・・・ 293
ブレークポイント ・・・・・・・・・・・・・・・・・・・・・・ 241
フレームワーク ・・・・・・・・・・・・・・・・・・・・・・・・・・ 2
プレゼンテーションレイヤ ・・・・・・・・・ 211, 212,
・・・・・・・・・・・・・・・・・・・・・・・・・・・・・ 221, 227, 228
プロセス ・・・・・・・・・・・・・・・・・・・・・・・・・・・・・・ 240
プロパティ ・・・・・・・・・・・・・・・・・・・・・・・ 204, 288
プロビジョニングプロファイル ・・・・・・・・ 37, 38
フロントエンド ・・・・・・・・・・・・・・・・・・・ 155, 210

へ

変数宣言 ・・・・・・・・・・・・・・・・・・・・・・・・・ 283, 284

ま

マテリアルデザイン ・・・・・・・・・・・・・・・・・・・・・ 77
マテリアルライブラリ ・・・・・・・・・・・・・・・・・・・ 77

め

メソッド ・・・・・・・・・・・・・・・・・・ 284, 288, 296
メソッドチェーン ・・・・・・・・・・・・・・・・・・・・・・ 296
メッセージパッシング ・・・・・・・・・・・・・・・・・・ 175

よ

要件定義 ・・・・・・・・・・・・・・・・・・・・・・・・・・・・・・ 198

ら

ライセンス ・・・・・・・・・・・・・・・・・・・・・・・・・・・・ 192
ランチャーアイコン ・・・・・・・・・・・・・・・・・・・・ 262

る

ルート ・・・・・・・・・・・・・・・・・・・・・・・・・・・・・・・・・ 80

謝辞

　本書の執筆にあたり、多くの方々のご協力をいただきました。編集担当の丸山弘詩氏には企画段階から常に適切なアドバイスと多大なサポートをいただきました。筆の遅い執筆陣を常に叱咤激励し支えていただいたことで、本書を世に出すことができました。ありがとうございます。

　深澤充子氏には、素敵な表紙をいただき感謝しております。また、タイトなスケジュールにも関わらず、イラスト担当の田中玲子氏には、ラフな走り書きから統一感のある分かりやすいイラストを作成していただき感謝いたします。お二人にはデザインの力で本書をより理解しやすいものにしていただきました。

　お名前を挙げればキリがありませんが、関係者の皆様のご協力なくては仕上げることはできませんでした。この場をお借りして感謝いたします。最後に、本書を手にとっていただいた読者の皆様には、心から感謝の気持ちと御礼を申し上げるとともに、本書が皆様のお役に立てることを切に願っております。

執筆陣代表　南里 勇気

著者プロフィール

南里 勇気 (Yuki Nanri)

株式会社FiNC Technologies所属、アプリエンジニア（Android・iOS）。クロスプラットフォーム開発に興味を持ち、FlutterやFirebase関連の勉強会主催に加え、DroidKaigiやAndroid Bazaar and Conferenceなど各種カンファレンスへの登壇実績も多数。Bluetooth LEや機械学習、AR・VRなどの組み込み開発の実務経験もある。

太田 佳敬 (Yoshiaki Ota)

サーバーサイドエンジニア。健康系アプリ開発会社からAIベンチャーへと転職、アプリエンジニアとしてiOS・Android向けの開発を担当したことで、クロスプラットフォーム開発に興味を持つ。現在はアプリはもちろん、バックエンドに加えてVue.jsやk8sなどあらゆる領域を担当し、Webへの展開を見据えたクロスプラットフォーム開発の1回答としてFlutterに注力している。

矢田 裕基 (Hiroki Yata)

株式会社FiNC Technologies所属、アプリエンジニア（Android）。スマートフォンアプリ、アート作品やデジタルサイネージ、パズルなどの制作に携わり、現在のポジションとなる。ユーザーインターフェースに関心があり、Material Design実装が容易なFlutterに興味を持つ。過去の実績として、『物理演算を用いた作曲インターフェス』が独立行政法人情報処理推進機構（IPA）の2009年度上期未踏ユースに採択されている。

片桐 寛貴 (Hiroki Katagiri)

株式会社FiNC Technologies所属、サーバーサイドエンジニア。フロントエンドからバックエンドまでサーバーサイドを中心にWeb関連全般を担当。バックエンドではPHPやRails、フロントはVue.jsやReact などを得意としている。最近はSRE（サイト信頼性エンジニアリング）や機械学習に興味を持つ。

編集者プロフィール

丸山 弘詩 (Hiroshi Maruyama)

書籍編集者。早稲田大学政治経済学部経済学科中退。国立大学大学院博士後期課程編入（システム生産科学専攻）、単位取得の上で満期退学。大手広告代理店勤務を経て現在は書籍編集に加え、さまざまな分野のコンサルティングや開発マネージメントなどを手掛ける。著書に『スマートフォンアプリマーケティング 現場の教科書』（マイナビ出版）など多数、編集書籍に『ブロックチェーンアプリケーション開発の教科書』『ビッグデータ分析・活用のためのSQLレシピ』（マイナビ出版）など多数。

STAFF

編集：丸山 弘詩

ブックデザイン：Concent, Inc.（深澤 充子）

本文イラスト：田中 玲子

DTP：Hecula, Inc.

編集部担当：角竹 輝紀

フ ラ ッ ター
Flutter
モバイルアプリ開発バイブル

2019年10月31日　初版第1刷発行

著　　者	南里 勇気、太田 佳敬、矢田 裕基、片桐 寛貴
発 行 者	滝口 直樹
発 行 所	株式会社マイナビ出版
	〒101-0003　東京都千代田区一ツ橋2-6-3 一ツ橋ビル 2F
	☎ 0480-38-6872（注文専用ダイヤル）
	☎ 03-3556-2731（販売）
	☎ 03-3556-2736（編集）
	✉ pc-books@mynavi.jp
	URL：https://book.mynavi.jp
印刷・製本	株式会社ルナテック

©2019 Yuki Nanri , Yoshiaki Ota , Hiroki Yata , Hiroki Katagiri , Hecula.inc. , Printed in Japan
ISBN978-4-8399-7087-1

●定価はカバーに記載してあります。

●乱丁・落丁についてのお問い合わせは、TEL：0480-38-6872（注文専用ダイヤル）、電子メール：
sas@mynavi.jpまでお願いいたします。

●本書掲載内容の無断転載を禁じます。

●本書は著作権法上の保護を受けています。本書の無断複写・複製（コピー、スキャン、デジタル
化等）は、著作権法上の例外を除き、禁じられています。

●本書についてご質問等ございましたら、マイナビ出版の下記URLよりお問い合わせください。
お電話でのご質問は受け付けておりません。また、本書の内容以外のご質問についてもご対応で
きません。

https://book.mynavi.jp/inquiry_list/